U0457605

本书获浙江省哲学社会科学重点研究基地浙江学术文化研究中心资助

天人之际

中国美学发生学研究

王兴旺 著

浙江大学出版社
ZHEJIANG UNIVERSITY PRESS
·杭州

目　录

绪　论

这篇绪论只求达到一个消极性的目的,它希望能在正文之前把一个关键的问题解释清楚,即中国美学研究为什么要从中国上古时期的原始宗教、本土科学(即所谓"数术方技之学")和原始儒家开始说起。

首先需要承认的是,这种处理方法在理论上主要受到西方结构主义思想和托马斯·库恩"范式"理论的影响,"结构先于实体"和"范式先于问题"正是本书进入美学问题的理论预设。本书以为,既成的中国美学的理论研究,其问题主要在于它过分拘泥于认识论中心论的二元预设,即把美学理论误作对现成的审美主体和客观的审美对象之间发生的审美经验的一种抽象概括。在我看来,对这种形而上学传统的检讨和反思成为二十世纪以来西方思想界的主流,几乎所有的理论流派都从不同的角度得到一个共识,即并不存在所谓绝对客观的实在和先验的认识主体来保证认识的绝对与客观,换言之,主体和客体并非文化发生的先决条件,而只是特定文化发生的历史后果[①]。这种先于主体、客体和认识的文化机制,托马斯·库恩称之为"范式",根据库恩的范式理论,任何特定的文化环境中都存在着一种占支配地位的"范式",它包含了一套构成认识的基本假定和概念,并预先决定了人们所

---

① "结构先于实体"的结构主义思想的明确表述首先出自索绪尔的结构主义语言学理论。索绪尔认为,语言是一个封闭、自足的静态结构,它不向外求助于现实以获得自身的存在依据。结构将自己的形式强加给结构中所有要素,结构中的每一个要素就其自身而言都是无意义的,它的意义只能取决于它和结构中其他要素之间的"差异"(参看索绪尔《普通语言学教程》有关论述,商务印书馆,1996年)。而维柯早在索绪尔之前就已经论及这一问题,他相信人类并非文化的先决条件,而是特定文化制度的结果、效果和产物,同样,世界也不是由独立客观的客体组成的,当人在认识世界时,他所认识到的不过是他强加给世界的他自己的认识形式而已(参看特伦斯·霍克斯《结构主义和符号学》,1—6页,上海译文出版社,1987年)。结构主义思想已在很大程度上颠覆了"客观世界"的信念,这也就是说,不是世界决定了我们的世界观,而是不同的文化范式"创造"了不同的实在。用库恩的话说就是,"在(科学)革命之后,科学家们所面对的是一个不同的世界"(托马斯·库恩,101页)。而在卡西尔看来,人也不过是人类实践活动的历史后果而已,他认为:"人的突出特征,既不是他的形而上学本性也不是他的物理本性,而是人的劳作(work)。正是这种劳作,正是这种人类活动,规定和划定了'人性'的圆周"(恩斯特·卡西尔:《人论》,87页,上海译文出版社,1985年)。根据皮亚杰的理论,结构不但先于主体和客体,它也先于认识本身,他认为:"认知的结构既不是在客体中预先形成了的,因为这些客体总是被同化到那些超越于客体之上的逻辑数学框架中去;也不是在必须不断地进行重新组织的主体中预先形成了的。因此,认识的获得必须用一个将结构主义和建构主义紧密地连接起来的理论来说明,也就是说,每一个结构都是心理发生的结果,而心理发生就是一个从一个较初级的结构过渡到一个不那么初级的结构"(皮亚杰:《发生认识论原理》"英译本序言",商务印书馆,1981年)。

1

能提出什么样的问题和得到什么样的答案①。结构主义和范式理论给予中国美学研究的启示就是：第一，美学研究不可能独立于文化研究，美学问题只能是某种特定文化结构的衍生，这是本书选择从宗教、科学以及道德问题迂回进入美学研究的理由，也是本书第一、二、三章论述的主要内容；第二，具体到美学问题看，所谓审美主体和审美对象都只能作为某一特定文化发生、发展的历史后果看待，本书第四章的主要内容就是尝试对中国美学理论中功能性"审美主体"及其相对应的"审美对象"的发生及其演变这一历史过程提供尽可能客观的历史描述。

还有一点需要说明的是，这种对中国美学研究的方法论质疑并非无事生非的理论游戏。在我看来，这一问题其实和中国美学的合法性问题有着密切联系，遗憾的是，在美学界花团锦簇的理论热潮中，这个最基本的问题却一直是个少人问津的理论盲区②。如果相信"中国美学"的存在是一个不证自明的事实，这种想当然的态度背后其实潜伏了某种致命的错觉，那就是美学研究都无非是对某种终极性"美的真理"的认识，"美"本体的存在决定了东、西方美学之间殊途同归的一致性，保证了东西方美学研究方法、概念和基本问题的兼容性，这也意味着东西方美学获得了可以相互比较的绝对尺度。这些结论在很大程度上被当作"中国美学"不证自明的合法性依据，不过这里就出现了一个悖论，这种预设在确保我们以现代美学方法进入中国美学问题的同时，却从根本上取消了中国美学：因为这种观点预设了唯一、必然和科学的"美学"的存在，如果中国美学可以甚至只能用诸如"主体"、"客体"、"辩证统一"、"直觉感悟"等概念说清楚，那就说明中国美学实际上等于人类思想史上可有可无甚至有害无益的赘疣。结构主义和范式理论给予中国美学研究的启发是：首先，并不存在一种普遍绝对的美学问题和美学史；其次，异文化间的美学分歧只有在产生这些问题的"文化结构"或"文化范式"中才能得到合理的回答。

本书以为，范式理论在消解西方中心主义的同时，也存在着将文化差异绝对化的危险，它往往忽视了在文化范式发生的背后，还存在着一种先于范式的、所有文

---

① 参看托马斯·库恩《科学革命的结构》第五章"范式的优先性"部分的相关论述（托马斯·库恩：《科学革命的结构》，北京大学出版社，2003年），苏珊·朗格也从符号学的角度触及这一问题，她在《哲学新解》一书中提出："问题的提法不仅限制着而且也引导了问题的答案，不论这一答案是对还是错"（Sussane Langer：*Philosophy in a New Key*，Harvard University Press，1980，p3），其论点和库恩"范式先于问题，问题先于答案"的范式理论如出一辙。

② 比如张法在《中国美学史》里论及这个问题时就显得底气很不足，他只是觉得既然有"西方美学"，当然也应该存在一种"中国美学"（张法：《中国美学史》"导言"，上海人民出版社，2000年），这种说法显然不具备任何的说服力。不过这种理论上的无奈倒也折射出中国传统学术在现代转型中的现实困境，其实不光是中国美学，就是中国哲学、中国文学深究起来也都不同程度地存在这样的尴尬。比如"中国哲学"是否存在的争论至今仍是一个没有结论的学术公案，金岳霖早就指出："如果一种思想的实质与形式都异于普遍哲学，那种思想是否是一种哲学，颇是一个问题……'中国哲学'这名称，就有这个困难问题"（金岳霖：《冯友兰〈中国哲学史〉"审查报告二"》，收入冯友兰《中国哲学史》附录部分，冯友兰《中国哲学史》，华东师大出版社，2000年），葛兆光也认为"中国古代的知识和思想是否能够被'哲学史'描述，实在很成问题"（葛兆光：《中国思想史》第一卷，"引言"，复旦大学出版社，1998年）。在"中国文学"问题上也不乏类似的困惑，所以章太炎强调说："中西学术本无通途，适有会合，亦庄周所谓射者非前期而中。"（章太炎：《国学概论》，11页，上海古籍出版社，1997年）。如果强作解人，其结果自然免不了削足适履，其价值或如陈寅恪所言，"其言论愈有条理系统，则去古人学说之真相愈远"（陈寅恪：《冯友兰〈中国哲学史〉审查报告一》，收入冯友兰《中国哲学史》附录部分）。

化都必须面对和解决的普遍问题,正是这种普遍问题的存在才使得东西方以及所有异文化之间的沟通和对话成为可能。葛瑞汉在给史华兹《中国古代的思想世界》所写的书评中指出:"一些研究中国思想的西方学者倾向于把中国人想成和我们一样,而另一些人则不然。"而他显然更认同史华兹的处理方法,即"运用那些超越文化和语言差异的概念,透过所有表面的不同,去发现中国思想中对普遍问题(universal problems)的探索"①。从理论上说,所有文化都可以还原为某种不可还原的动态的历史性关系结构,对它可以有"实践"(如马克思)、"存在"(如海德格尔)、"意向性结构"(如胡赛尔)或者"文化深层结构"(如列维·施特劳斯)等多元理解,中国文化则把这个普遍问题命名为"天人之际"。从文化发生学的意义上说,这种关系结构最先总是表现为对世界的二分形式,即把原始混沌区别为神圣/世俗两个部分,换言之,如果文化指的是一个意义生产机制和意义阐释结构,那么宗教或者准宗教观念往往起到了特定文化最初的"范式"作用②。从世界范围看,"天人分途"可以看作一个普遍性的文化现象,这可以看成是一种最原始的价值和意义的分类形式。不过原始"分"类的初衷还是在于"合",也就是在区别、关系的基础之上建立起一个整体性和秩序化的意义世界和价值体系。在这个意义上说,"天人分途"是一个普遍问题,所有文化都不过是对这一普遍问题不同的处理形式,而神学、哲学、伦理学以及美学等专门学问的出现也无非就是对某种基本处理方法的精致化和合理化而已,这也就是本书把"天人合一"理解为复数形式的文化范式的原因。

由此反观美学问题,东西方美学的分歧自然也只能从美学赖以发生的文化范式中去寻求答案。西方美学史上曾经出现过诸多原生性的美学问题,比如"美感"、"感性—审美"及"审美活动"等等,从根本上说,这些理论都可以简化为"美是什么"

---

① 转引自安乐哲、郝大维:《孔子哲学思微》"中译本序",江苏人民出版社,1996年。

② 涂尔干发现:"所有已知的宗教信仰,不管是简单的还是复杂的,都表现出一个共同特征:它们对所有事物都预设了分类,整个世界被划分为两大领域,一个领域包括所有神圣的事物,另一个领域包括所有凡俗的事物,宗教思想的显著特征便是这种划分。"他认为这种区分既出于必然,同时又是相当武断和任意的,其中并无任何道理可言,因为"这是名副其实的无中生有的创造"(爱弥尔·涂尔干:《宗教生活的基本形式》,42—43页、113页,上海人民出版社,1999年)。贝格尔相信这种宗教活动完全是出于一种本能,出于人类渴望意义的本能,人将自己的意义投射到宇宙活动中去,是人的生理结构之未完成性的必然结果。他说,从历史角度考察人类世界,就会发现,一切最初的秩序和意义都具有神圣的特征,似乎"只有借助神圣者,人才有可能设想一个宇宙","宗教就是把整个宇宙设想为对人来说具有意义的大胆尝试"。由于人类建构秩序的方式各不相同,故而宗教也是形形色色(参看彼得·贝格尔《神圣的帷幕——宗教社会学理论之要素》第一章"宗教与世界的建造",上海人民出版社,1991年)。宗教在人类世界之外假设了另外一个世界,这一基本假设是不可能在人的经验范围之内得到证实的,按照卢克曼的结构—功能主义的说法,所有宗教形式都无非"象征体系(symbolic universes)的具体历史性制度化,象征体系是社会客观化的意义系统",不同于其他意义系统的是,"它将日常生活体验与实在的'超越'层面联系起来"(卢克曼:《无形的宗教——现代社会中的宗教问题》,31—32页,中国人民大学出版社,2003年),用贝格尔的话说,"卢克曼的宗教概念的本质在于:人类有机体有能力通过构造客观的、有道德约束力的、包罗万象的意义世界,从而超越自己的生物性。结果,宗教就不仅仅成了社会现象(如杜尔凯姆所言),而且事实上还成了典型的人类学现象。具体说来,宗教就等于是象征性的自我超越。所以,一切真正属于人性的东西,事实上本身就具有宗教性;而且在人的范围内,只具有非宗教性的那些现象,都是以人的动物性为基础的,或者更准确些说,乃是以人的生物构成中与其他动物共同的那一部分为基础的"(参看贝格尔《神圣的帷幕——宗教社会学理论之要素》附录一"社会学的宗教定义")。

的本体论提问方式。中国美学的理论危机迫使我们追问，是不是所有的美学思想都只能有"美是什么"这一种进入问题的言路，或者说本体论是否所有思想唯一、必然的理论形式？西方的形而上学传统构成了一个自足的知识体系，这种自足性表现为本体论、二元论以及认识论之间的相互依赖和相互支持，其内部的循环论证往往遮蔽了形而上学问题历史发生过程中的人为性和建构性，从而把这种理论模式绝对化和权威化了。黑格尔判断哲学的标准有二：一是本体论，二是"哲学切不可从宗教开始"，现在看来，这两个判断标准都是成问题的 ①。比如安乐哲就曾指出，西方哲学上的本体论问题是以严格意义上的"超越"模式为前提的，其思想原型显然取之于基督教"上帝/世界"模式，这一模式依赖于一个时间上在先的、独立的、外在的动因，施莱尔·马赫称之为"绝对的依赖性"。这一宗教预设了一个绝对的"创造者"，世界以及人类都是这个创造过程的被动产物。正是在这个意义上，才会产生西方哲学实在/现象、一/多这样的本体论问题，也就是追问在这个被感知的世界背后更为真实和本质的东西②。西方美学问题在两种层面上都可以视为这种神学性"超越"范式的产物，一是西方传统美学理论始终脱不开本体论框架，二是西方美学本身就是启蒙运动时期化解神义论危机的产物，是弥补此岸和彼岸、自然和道德、知识和信仰之间裂痕的重要手段。即便在普遍世俗化的现时代，科学几乎完全取代了宗教的原有位置，不过无论在东西方的哲学、美学等领域，在所有那些需要触及"意义、价值、无限、终极"的人类知识领域，或者说，在"人"——包括人的生命和死亡等根本问题——被科学穷尽之前，总是不免或多或少地带有一些神秘主义的气息，这也就是说，关于人和世界或者说关乎"天人之际"的"普遍问题"依然存在，由此派生的准宗教化的"文化范式"也依然有效。

回到中国美学，我们还是要从根本性的"天人关系"上谈起。涉及这个问题的中国哲学和美学论著已有很多，本书以为这个问题之所以还有继续讨论的必要，在于很多研究在这个问题上存在了不少误解：首先，很多研究没有认识到所谓"天人之际"是一个文化发生学意义上的"普遍问题"，而"天人合一"只是试图解决这个普遍问题的文化"范式"；其次，很多研究都没有意识到将中国问题"哲学化"的危险，其表征主要有二：一是把"天"等功能性概念"实体"化的倾向，二是把"天人合一"落实为一种东方化思维方式的"认识论中心论"倾向。如果说天人分途是东、西方文化面对的共同问题，那么东、西方对于天人两极的理解从一开始就出现了分歧，简言之，就是"实体化"倾向和"功能化"倾向的分歧，这和中、西方宗教化的不同取向有着密切的关系。西方文化从一开始把天人两极理解为上帝和世界这两个实体，这也就部分说明了西方世界自柏拉图和亚里士多德以来，何以始终无法消除诸如

---

① 黑格尔：《哲学史讲演录》第一卷，商务印书馆，1995年。黑格尔的说法是否适用于中国思想史，可参看曾振宇《中国气论哲学研究》第一章"本原与本体范畴适用于中国哲学如何可能"及第九章"余论：中国哲学与中国哲学概念的正当性"的相关讨论（曾振宇：《中国气论哲学研究》，山东大学出版社，2001年）。

② 安乐哲：《中国式的超越和西方文化超越的神学论》，收入安乐哲《和而不同：比较哲学与中西会通》，北京大学出版社，2002年。

唯物主义和唯心主义、经验主义和理性主义、科学主义和人文主义这样两种极端之间的紧张关系[1]。中国思想史能否以"天人合一"一概论之，还是个见仁见智的问题[2]，但各家各派对天人两极的功能化理解却是一以贯之的。自殷周以降，"帝"和"天"都呈一种渐趋空洞化的清晰路线，不过这并不意味着中国文化对"普遍问题"的取消，它依然保留了原有诸如"天/人、道/物、神/形、无/有"等价值二分的对子，也即保留了自身作为价值体系和作价值判断的可能，这样就在避免了否定现世极端走向的同时，也保留了超越性的精神向度。天的神圣性依然存在，不过天的神性只能在"天道"、"天命"、"天机"、"天性"、"天然"这样天人互动的关系和过程中才能显现出来，这一点也是理解中国文化的要害处。

　　这种思想倾向固然要对中国文化中思辨传统和科学精神的发育不良承担责任[3]，不过这倒也使得中国美学从一开始就摆脱了理论概念与功利性的纠缠，直接注意到"现象本身的美"。就这"一个世界"思想和中国美学的关系而言，它最重要的特征就在于始终保持对那种生机饱满、蓄势待发的中间状态的关注。这种蕴涵着无限可能的临界状态，向上可以超越为形而上的"道"、"理"、"法"、"天"，向下可以落实为形而下的"物"和"形"。这种介乎二者之间的张力，《易传》称作"神"、"几"、"时"、"微"，儒家称作"中庸"，《老子》表述为"大象"、"大美"，这些理论都共同构成了后来中国美学重要的思想资源。由此看来，中国美学发生之早及其从开始

---

① 卡莱尔·科西克对这两种倾向都有批评："唯心主义把意义从物质实在中分离出来，并把它们改造成独立的实在。另一方面，唯物主义实证论则剥夺了实在的意义"，他对现时代实证主义思想主流尤表不满，"启蒙运动通过批判使宗教和人民分离。这种批判论证说，祭坛、神像、圣徒和庙宇'不过是'一些木头、帆布和石头。从哲学上讲，这种批判低于信徒们的信条"，他认为这些哲学偏执都源于对人自己的遗忘，"人在忙于与天地之间的一切打交道时，却忘记了他自己"（卡莱尔·科西克：《具体的辩证法——关于人与世界问题的研究》，184—185 页，社会科学文献出版社，1989 年）。

② 需要说明的是，中国古代文化传统中确实存在两个世界，这一点无论是儒家的"天/人"二分，还是道家的"道/物"关系，还是《易传》有关"形而上（道）/形而下（器）"的说法，在说明了两个世界的存在是无可置疑的。这一点就连中国思想史上最有"科学"精神的"气"思想也不能例外，在气思想的发展过程中也出现了某种逻辑上"在先"和价值上"居上"的"太极"和"元气"概念。如前所述，两个世界的出现是观念史上的常态，舍此则无由涉及价值和意义的问题，或者说这是一种关于意义和价值问题不可或缺的"合理假设"，即便是在今天也不可能完全避免。无论思想史还是美学史的论述，很多学者都以"天人合一"作为对"中国特色"的基本概括，这是对的。值得注意的是，我们也不能矫枉过正，绝对化了，须知没有天人之分就不会有"天"也不会有"人"，更不会有关于"天人"关系的讨论，一句话，"天人合一"并非文化的前提，而是结果。"天人合一"是以"天人分途"为基础的，在这一点上即便儒道两家也是有共识的，分歧只在于对"分"的价值判断有别（说详第三章第一节），以及对于"合"的路向取径不同（说详第三章第二节）而已。在这里之所以把这两个世界说成是"一个世界"，是在和西方相比较而言的。和西方文化最根本的差别在于，中国两个世界的区分是功能性的而非实体性的，就宗教问题而言，不存在"创造者（上帝）/创造物（世界）"；就哲学而言也没有本体/现象，就认识论而言也没有主体/客体问题，一言以蔽之，没有"绝对"——"无对者"。这"一个世界"其实是两个世界相互作用而构成我们"存在"其中的这"一个世界"，换言之，"两个世界"不过是我们探询自己存在的价值和意义时对一个世界的功能性区分。孔子说"人能弘道，非道弘人"，孟子说"尽心"以"知天"，庄子说"物物者与物无际"，《易传》讲"易行乎其中"，说的都是这个道理。

③ 列维·施特劳斯根据二者和"二元论"预设的密切程度，把自然科学和人文科学分别称之为"硬科学"和"软科学"，并认为"人文科学的不幸在于，人不愿要对自己感兴趣"（列维·施特劳斯：《结构人类学》第二卷，323页，上海译文出版社，1999 年）。据此而言，儒家对"德性之知"和"见闻之知"的区别，道家强调"绝圣弃知"，而阴阳五行思想也未能发育为类似于西方近代科学的自然科学，或许和中国文化自始至终都未对人和世界（天人之际）的关系作严格的区分有关。

就表现出的成熟,都是西方美学所不能及的。"极高明而道中庸",这是中国文化的特质,也是中国思想自近代以来饱受非议和误解的原因,而中国美学的建构也应该从这里开始。

第一章 神圣世界的世俗化

第一节 巫教或者礼仪
—— 原始宗教的连续与突破

由巫术角度进入对上古宗教的讨论,或以"巫教"、"萨满"或者"神本文化"等相似概念涵盖三代文化,早已成为中国早期宗教研究的寻常家法。比如张光直就坚信:"其实在中国古代宗教里,祖先崇拜固然是一个很重要的成分,但更重要的是所谓的巫教。然而,许多人在研究中国古代宗教时,把巫教的分量看轻了,这是因为它的力量在后来较衰微了。用后世衰微的情况推论上古的宗教情况,就容易犯上述错误。"[1]他所提供的证据大致如下:第一,巫师在殷商社会占有很崇高的地位;第二,巫是智者、圣者,甚至就是有通天通地本事的统治者的通称;第三,巫术法器(艺术品)是掌握政权的一个重要手段,是政治权力的象征[2]。显然后两种说法都是对第一种观点的补充和延伸。

"巫教"说或"神本政治"说多以传世文献提及的"巫咸"为例,以证明"巫"在商代的崇高地位,不过由《尚书·君奭》中周公把巫咸与伊尹、臣扈等商代名臣并提,足见"巫咸"其人并不见得就是以大巫名世的。只是"格于皇天"或"格于上帝"等说法中的"格"字未见得一定就应该作"通灵"解,也许这只是记载了如第一期卜辞常见的以臣僚陪祭这样一个当时习见的历史事实①。那么"巫"在殷商时代的地位到

---

① 《尚书》使用"格"字,大多从本义引申,"格"通"各",各,"至"也,抑或"使至"也(参见臧克和:《尚书文字校诂》,689页,上海教育出版社,1999年),不过"至"字到底是应该凿实为"上天"、"通神"等巫术活动,还是礼仪化、象征性的"陪祭",主要还是取决于对"巫咸"本人政治身份的理解。如果"巫咸"只是有功于王室的大臣,那么所谓"格于上帝"或"格于皇天"就只能理解为把他列于祭祀谱系的历史记载,从第一期卜辞材料看,重要的臣僚陪祭的现象也是常见的,《尚书》中也多处提到成汤大臣"伊尹"等人"假于皇天"、"格于皇天"的记载。功臣在大享合祭时陪祭先王,由司勋作祭辞告神,这种制度商代早有。《书·伊训》记"伊尹祠于先王",卜辞也常见祭伊尹的内容,卜辞中祭祀的功臣还有"黄尹",或作"黄奭",又有"咸戊"和"戊奭"。陈梦家以为黄尹即太甲时贤臣戊陟,也即《竹书纪年》伊尹之子伊陟,咸戊即太戊时的巫咸(詹鄞鑫:《神灵与祭祀——中国传统宗教综论》,136页,江苏古籍出版社,1992年)。由《尚书·君奭》看,"巫咸"和"巫贤"是两个人,"巫咸"是太戊时的名臣,以"巫咸"为神巫的说法迟至战国的《庄子·应帝王》、《列子》、《吕氏春秋》以及《离骚》等处才开始出现。饶宗颐认为:"巫咸是殷的名臣,他能'乂(治理)于王家'。《书序》说"伊陟赞于巫咸,作《咸乂》四篇"。《咸乂》四篇是他的政治理论,可惜已经失传。巫咸是大政治家,证之卜辞,确有其人。他死而为神,故屈原引以为重。在屈原心里巫咸应是一位代表真理(truth)的大圣人,和巫术毫不相干! 对于'巫'字在古代中国的真相,和使用巫术遗存在民间宗教的陈迹,泛滥而毫不假思索地来比附历史,这一方法是否正确? 我认为很值得历史家再去作反思"(饶宗颐:《巫步、巫医、胡巫与"巫教"问题》,收入饶宗颐《中国宗教思想史新页》,北京大学出版社,2000年)。由此看来,如果没有更为直接的证据出现,以巫咸为大巫的观点至少是不够谨慎的。

底如何呢？从《周礼》看，"司巫"为"巫官之长"（郑玄注），职位也仅仅中士而已，比大卜、大祝、大史之职位为低。这是西周的官制，不过西周的史官系统多是接收殷商的，殷代巫官在其宗教系统内部的地位最多也只能略高一点而已。这些还是殷周国家宗教体制内部的王官，一般民间的俗巫地位只会更低①。从汉代法律来看，巫术一直都是国家暴力的打击对象，上古时期也不例外。比如《墨子·非乐上》曾有记载："先王之书汤之官刑有之，曰：'其恒舞于宫，是谓巫风'。其刑，君子出丝二卫（遂）。"《古文尚书·伊训》也有类似的情况："敢有恒舞于宫，酣歌于室，时谓巫风；敢有殉于货色，恒于游畋，谓之淫风。"疏云："巫以歌舞事神，故歌舞为巫觋之风俗也"。李零由文字史料入手得出的结论是："'巫'自商代以来地位比较低，这从几点可以看得比较清楚。一是他们常常被用作牺牲，常常被人用'水'、'火'杀死；二是他们的地位不仅在'王'之下，在'祝宗卜史'之下，还被中国的官僚知识界（士大夫）所贱视；三是古代的法律也多以'巫术'（特别是其中的'黑巫术'）为'左道'，必欲加以禁止或限定。中国历史上一直有'巫'和'巫'的影响存在，但这种影响从很早就被限制，不再具有支配地位。"3 此外，张光直试图把中国古巫或者商王"萨满化"的说法也是成问题的②。依据米尔恰·埃利亚德在他的萨满教研究名著《萨满教——古老的昏迷方术》一书的观点，"萨满教所固有的要素，并非是依靠萨满而进行的神灵附体，而是指依靠上天入地所带来的昏迷术"。也就是说，"飞翔"成为萨满的基本特征，萨满的世界观就是萨满教，就算依照小松和彦修正过的观点来看4，占卜行为也和什么"灵魂附体"或者"灵魂分离"现象差得很远。文献记载的三代古巫既没有登山通天之事，也已很少甚至没有施行过基于自然力的交感巫术，所以在陈来看来，中国古代巫觋活动更接近于宗教而不是巫术5。饶宗颐认为，"关于占卜的事情，一般都视为巫术的一种，而把它看成萨满教那类有神灵附体的巫术。其实，贞卜的'贞'意思是'问事之正曰贞'。其中含有价值意味，即是否属于正当的决定。我已指出占卜在《尚书·大禹谟》中所说'先辟志，昆命于元龟'，好像占卜者预先已有初步的主意，然后问卜，故《尚书·洪范》云'人谋鬼谋'，人谋还是第一位，不

---

① 明代杨慎《升庵全集·卷七十一》揣测"巫以事神，其女妓之始乎？"，姜亮夫也以为"九歌女巫，与希腊古代之庙妓相似。"他认为屈子作品中的涉巫事大约可分两端，一则屈子文之浪漫面之神思，于情思惘然不得已时则以灵氛、巫咸为情感之交代与解脱，此《离骚》《九章》诸篇之所用也，并无甚深意蕴。其次则为《九歌》中之女巫，《九歌》本屈子为民间歌舞之旧曲而修辞润饰之作，不能代表屈子思想感情，只能代表楚人之巫风者，以女巫为主，不论其为扮神之女巫，或祈神之女巫皆然，则一面以祈报之情以乐神，一面亦以声色以乐观众"（姜亮夫：《论屈赋中的巫》，收入姜亮夫《楚辞学论文集》，上海古籍出版社，1984年）。从《周礼·春官》"女巫舞雩"、《左传》"僖公二十一年""大旱，欲焚巫、尫"以及《礼记·檀弓》"岁旱，欲以愚妇人暴巫"等类似风俗来看，"巫"在当时都是比较下层的人物。裘锡圭曾详尽列举了卜辞中"焚巫尫"求雨的记录，（参裘锡圭：《焚巫尫与作土龙》，收入胡厚宣主编：《甲骨文与殷商史》，上海古籍出版社，1983年），这一切足以见出当时"巫"社会地位之一斑。

② 张光直认为："甲骨文中，常有商王卜问风雨、祭祀、征伐或田狩的记载。卜辞中还有商王舞蹈求雨和占梦的内容。所有这些，既是商王的活动，也是巫师的活动。它表明：商王即是巫师。"在他看来，商王、巫师和萨满就是一回事，"在古代中国，祭祀鬼神时充当中介的人称为巫。据古文献的描述，他们专门驱邪、预言，卜卦、造雨，占梦。……可见，中国的巫与西伯利亚和通古斯地区的萨满有着极为相近的功能，因此，把'巫'译为萨满是合适的"（张光直：《美术、神话与祭祀》，29—31页，辽宁教育出版社，2002年）。

是完全依靠神的意旨。占卜是借用神力，来 confirm 人谋先前的决定。这样不能说占卜纯是一种巫术，它在政治上执行任务时，却是一种手段"[6]。张光直还曾在多篇文章中提出所谓"古代青铜器的政治意义"的观点，他认为："在巫教环境之内，中国古代青铜器是获取和维持政治权力的主要工具"。张光直以"青铜器"为通天的法器[7]，但他自己也承认由卜辞来看殷商时期并没有对"天"的神化。殷商王权的基础，《左传》"国之大事，在祀与戎"的说法庶几近之，即建立在宗法制基础上王权与族权的合一，以及殷王由此而获得的军事暴力。由《尚书·盘庚》可以见出，商王对自己族人的权力也不外乎诉诸对祭祀权的垄断和赤裸裸的暴力威胁，而终殷商一世诸多方国的叛服无常，更是和殷王朝国力的盛衰息息相关，与"青铜器"何干？显然这只是一种建立在"巫教"说基础上的臆测而已，"巫教"一说本属夸张，这一推论就更是空中楼阁，既有过分低估殷商时人政治理性之嫌，也与当时史实不符。

　　在商周时期"古巫"、"官巫"之前是否存在某种原生形态的自然巫术或交感巫术的共同源头，这已是另外一个话题了。而这一时期的"巫"无论是在社会地位、功能还是巫术手法上都有别于西方人类学理论概括出来的"巫术"形态，这应该是一个不争的事实。同样的道理，殷商社会有否"巫术"或者"巫文化"的存在，及其存在的广度和深度如何是一回事，而这种巫文化是否构成国家政权的根本依据则又是另一回事。从现有材料看，殷王朝在祭祀对象谱系的调整中表现出很强的人为性和功利性（说详后），其虔信程度是很可疑的。大致可以说，殷商王朝的宗教政策基本上是从属于它的国家政策的，即殷王朝的宗教整合活动在两个方面都表现出把宗教"国有化"的倾向，一方面表现为把俗巫纳入国家体制——王官化——的倾向；另一方面以祖先崇拜为基础的国家宗教提供了"中商"相对于异民族、商王相对于同姓贵族权力的神圣性和合法性依据，或者说突出了宗教在国家权力结构制度化过程中的意识形态作用。董作宾指出，殷商后期殷王成为占卜的主体，已经把贞人贬低为纯粹技术性的辅助人员。到了西周，祝、宗、卜、史的出现又是原来"巫术"知识的专业化和职业化的结果，至此，原生形态的"巫"和"巫文化"经过有意识的筛选和改造，一部分被保留在国家宗教之内，一部分则退缩到民间的"小传统"中，还有一部分被认为是有害的巫术甚至不断受到国家政权有意识的打击。不过自殷商以来国家政权对"巫风"及"邪教"的打压都只能视作国家行为，而不同于西方宗教史上常见的宗教迫害。一般说来，无论以何种形式聚集起来的民间力量到一定程度都会有种反秩序的非理性倾向，国家政权对"巫风"的警惕也正源于此。回到张光直的问题上来，我们可以相信，即使在殷商时期有所谓"王者自己虽为政治领袖，同时仍为群巫之长"[8] 的现象，也只能理解为王权在宗教信仰领域的扩张，而不能倒果为因，对王权的合法性作所谓"卡里斯马"式的理解。

　　"巫教说"的危机暴露了用西方理论比附中国问题的危险，也凸显了中国文化从问题源头就表现出来的独特走向。春秋以来，无论儒家还是其他学派都用一个"礼"字来概括三代的典章制度，故而饶宗颐进一步提出："巫术不等于宗教，殷周自有其立国的礼制，巫、卜都只是其庞大典礼机构中负责神事的官吏。……如果说三代的政治权力完全依靠占卜者、巫术和自称能够与神灵沟通的手段来建立,而把古人所记录下来的典章制度,一笔抹杀,把整个中国古代史看成巫术世界,以'巫术宗教'作为中国古代文化的精神支柱,我想:在目前不断出现的地下文物本身已充分提供实证,去说明古代'礼制'的可靠性,和纠正这种理论的轻率、混杂、缺乏层次的非逻辑性"⁹。李零也持有相近的观点,他认为讨论中国早期宗教入手途径可以有三种,即巫术、方术和礼仪,但西方学界却喜欢独沽一味,把"巫术"几乎看得就等于"早期宗教"的代名词了。在他看来,不仅战国秦汉,就连商周时期"巫"的地位都不是很高,他们只是祝宗卜史的属官或民间杂祠的神媒,并不具有类似印度"婆罗门"的地位。同样,中国早期宗教的主体也不是"方术",方术接近科学要远胜于接近宗教。他的结论是,研究早期宗教和文化,"我们应更多考虑'礼仪'的重要性,并且应把'巫术'纳入'方术'和'礼仪'的系统来考虑"¹⁰。

也是针对张光直和秦家懿等海外学人把殷商宗教归入"萨满教"的做法,胡厚宣提出:"殷商时期的宗教信仰,究竟发展到哪一阶段?在殷商时代是否已经进入阶级社会,在那时人们的宗教信仰中,是否已经有了这样全能的统一之神了呢?"他的结论是,"由甲骨文字看来,殷代从武丁时就有了至神上帝的宗教信仰"¹¹。在他看来,殷人信仰已经构成一种稳定的体系化的宗教结构,帝为至上神,居于天庭,下有先王先公等祖先神系列和风云雷电日月星辰等自然神系列供其驱使。本书并不赞同张光直等人把殷商时期的信仰"萨满化"或者"巫教化"的观点,不过胡厚宣的说法也有值得商榷处,把"帝"说成"至上神"已属牵强,再断言其为有意志的人格神就更缺乏根据了,如果说"巫教说"太过于贬低了三代国家的政治理性,后者却有拔苗助长的嫌疑。此外,这一观点预设了一种进化论模式的唯一宗教观,而这一点对中国早期宗教研究以及文化的误导更为隐秘也更为致命¹²。理论上的分歧且不去说它,这种说法的另一问题还表现在,它把殷人的信仰视作一个稳定不变的事实,忽视了从卜辞可见的自盘庚迁殷到商纣灭国长达二百七十余年间,殷人信仰系统也处在不断调整之中这样一个明显的历史事实。

董作宾首倡依据贞人集团区分时代的卜辞分期研究,他依据世系、称谓、贞人以及方国、人物、风格等十个标准,将卜辞所见的殷商史区分为下述五个时期:第一期:武丁时期;第二期:祖庚、祖甲;第三期:廪辛、康丁时期;第四期:武乙、文丁时期;第五期:帝乙、帝辛时期。¹³董作宾由殷墟卜辞中发现,殷王室就传统信仰及祭祀的保留和改革始终存在着两种倾向的矛盾,一是他称作"旧派"的武丁、祖庚、康丁、武乙、文丁几个时期;另一个就是他称作"新派"的祖甲、廪辛、帝乙、帝辛时期。由此他发现了两个极为重要的现象:第一,他发现所有现在所能见到的近十万片甲骨材料中,涉及旧派时期的占三分之二以上,也就是说在新派当政的一百四十五年留下的卜辞材料不及旧派当政一百二十八年间的一半,其原因就在于自祖甲开始,新派把很多问题排除在占卜范围之外。据董作宾的考证,除了新旧两派共有的问题,即卜问祭祀、征伐、田狩、游观、享、行止、卜旬、卜夕,新派废除了诸如卜吉、求年、受年、日月食、有子、娩、梦、疾病、死亡、求雨、求启等诸多内容;第二,自卜辞第二期即祖甲时期开始,殷人开始对原有的祭祀系统进行了有意识的调整。一个重要的变化就是改变了武丁时期的"选祭"制度,代之以固定的"周祭"制度,即按照固定的顺序用"翌祭、祭祭"等五种祭礼对其祖先轮番祭祀。董作宾认为,祖甲之前的祭祀活动每次都必须事先卜问,以征求受祭者的同意。祖妣既多,祭祀种类又烦,举行的时日不能预先确定,自然会给王室带来许多不必要的负担。所以在他看来,祖甲开始按一定的规律预先安排祭祀先祖,是出于一种简化祭祀程序、提高效率的考虑[14]。这自然是一重要原因,不过在此背后可能还有某种更为关键的因素起了作用,这一因素的介入决定了我们不能把上述两者视作彼此孤立的偶然现象。

自弗雷泽关于巫术和宗教的区别理论提出之后,对它的批评也是不绝于耳[15]。最为中肯的意见也是认为巫术和宗教处于连续的文化统一体当中,从实体的角度对它区别是不可能也是无意义的。涂尔干曾经从社会学角度提出了巫术和宗教的区别,他认为巫术和宗教往往分享了同样的世界观,它们的区别只是功能性的,区别只在于宗教可以借助共同的信仰以及相关的仪式建立一个社会共同体。[16]米沙·季捷夫也有类似的见解,他认为每个社会团体的超自然实践系统都可以分解为两方面内容,即一种往往是周期性举行的"岁时仪式",而另一种是在紧急情况下为应付突发事件而临时举行的"危机礼仪"。在他看来,"岁时礼仪"总是周期性地定时举行的,这就使得参与者能有足够的时间来培养一种共同的期待感,这种仪式本身没有什么明确的功利目的,它的意图就是要在一种神圣性的宗教氛围中培养和强化共同体成员对共同体的依赖感和认同感[17]。

殷人的占卜和祭祀在很大程度上也可以理解为这两类行为,它们在殷人信仰系统中此消彼长的相互关系也可以由此得到比较合理的解释。从《尚书·洪范》"汝则有大疑……谋及卜筮"和《左传》"桓公十一年""卜以决疑。不疑,何卜"的说法看来,殷人的占卜行为大致可以归之于"危机礼仪"。"岁时礼仪"的出现必然和历法的产生有关,从现有材料来看,学术界一般都相信殷代已有了比较成熟的阴阳历。董作宾认为,至迟在祖甲之前,殷人已经有了完整的四分历术,阳历为年(太阳年),阴历为月(太阴月)。殷人"周祭"活动安排基本上是和一年周期相一致的,所以卜辞中多有称年为"祀"的用法①。新派废除的显然都是些危机礼仪的内容,这说明殷人至少是祖甲一类的新派贵族已经远远超越了所谓"原始思维"的蒙昧阶段,如果还要用所谓"巫教立国"的观念去解释殷商制度,那我们就是过分低估了殷商时代的理性化程度了。无论是对"危机礼仪"的简化还是对"岁时礼仪"的强调,都不是孤立的行为,这些宗教观念的变化显然不可能视作自然演进的结果,而应视作一种有意识的文化策略,只能理解为殷王室上层通过仪式化的祭祀形式有意识地

---

① 胡厚宣:《殷代年岁称谓考》,收入《甲骨学商史论丛初集》(上)。伊藤道治注意到第五期卜辞中常有表示王在位的年数为"五祀"、"十祀"的说法,就因为"五祭"周期和一年相等。岛邦男曾提出殷人有时为了调整"一祀"和一个太阳年之间的时间差异,还特意设计了"闰旬"的调节措施(伊藤道治:《中国古代王朝的形成——以出土资料为主的殷周史研究》,65、69页)。《尔雅·释天》"夏曰岁,商曰祀,周曰年,唐虞曰载"的说法,就卜辞来看是有根据的。

在祖先崇拜的基础上培养其社会共同体内部成员的优越感,强化其内部的凝聚力和认同感的结果。

第二节 殷商国家信仰系统的调整(一)
——国家、宗法以及宗教制度的重合

吉德炜认为:"商代的宗教和商代国家的起源与合法化不可避免地缠结在一起。……对先祖们的崇拜和祭祀就可为商王们的神权政治统治提供心理上和精神上强有力的支持。通过占卜、祈祷和奉献牺牲来影响商王的能力,最后借助先祖精神的遗愿使其政治权力的高度集中成为合法化。"[18]吉德炜的判断大致是正确的,不过殷商国家和宗教之间的关系绝非"神权政治"那么简单①。所谓神权政治指的是神权和政治完全合为一体,国家机关与宗教机构完全重合,国家借用神或宗教的名义进行统治的政治体制。也就是说,国家以及王权的合法性是完全建立在宗教基础之上的,而这恰恰和中国古代国家以及国家权力的历史起源是不相符的。有学者根据考古学发现的聚落遗址,将包括中国在内的古代原生形态的文明起源和国家形成划分为三大阶段:由大体平等的农耕聚落形态发展为含有初步分化和不平等的中心聚落形态,再发展为都邑国家形态。就中国的考古发现而言,第一阶段的社会组织结构表现为家庭——家族——氏族;第二阶段,父权家族确立,个体家庭包含在家族之中,家族包含在宗族之中,出现了宗族共同体,于是家族——宗族结构代替了原来的家族——氏族结构;第三阶段则是都邑国家的形成期,出现了与父权家族——宗族结构相结合的带有强制性的公共权力和一定规制的礼制。[19]这三个阶段在中国文化上表现出的最大特色就是宗法组织结构和古代国家的同构性。张光直也有类似的看法:"在中国历史的过程中,从史前到文明时代的一个很重要的连续性是宗族制度。我认为,宗族制度在中国古代文明社会里面,是阶级分化和财富集中的一个重要基础。"[20]宗法组织结构的出现意味着对原有氏族组织的破坏,同样意味着社会成员之间不平等关系的出现,只是这种不平等的权力关系的基础首先来自于血缘关系而非宗教关系。

宗法制度以及祖先崇拜的出现首先不是为了加强最高首领所享有的专制权力,而是为了营造一个为了各个宗族组织结构所普遍认同的宗教文化体系,加强部落联合体的凝聚力。不过,一切权力机制都有其无限扩张的内在动力,恩格斯就从原始氏族里面萌芽状态的权力关系发现了国家发生学的所有秘密[21],而"绝地天通"的传说也透露出当时的雏形国家就已经出现了要把散布民间的原始宗教及其从业人员全部"国有化"的权力要求。循此思路来看殷商宗教的问题,不难发现其

---

① 由殷代卜辞材料来看,往往被视为神权代表的"贞人集团"在殷商政治决策中的地位其实也没有"神权政治"说想象得那么大,而且还有每况愈下的趋势。参见晁福林:《论殷商神权》,《中国社会科学》,1990年第一期。

核心内容就在于对"权力"关系的强化。以严格的祖先崇拜为中心来整合多样化的原始信仰是整个殷商时期宗教改革的主流,这一倾向的产生就其内部而言,是和宗法制度的形成分不开的,也就是如何把宗法组织的宗统结合到国家政治的君统之中的问题;就其外部而言,又和殷商时期的"天下"格局有着相当密切的联系,即殷王从"诸侯之长"到"诸侯之君"的转变。结合二者来看,是当时"王权"意识在宗法、宗教和政治领域逐步扩张的必然结果,概言之,是要求把国家这个公共权力结构在社会生活所有层面上制度化的结果。

王国维认为"中国政治与文化之变革,莫剧于殷、周之际",以宗法制和封建制的确立为殷周制度革命的成果,并将其归于周公一人之政治卓识和道德襟怀。[22]这一理想主义的历史观在很多方面都遭到了前贤的驳难,胡厚宣就由卜辞相关记录发现殷代自武丁以降已有封建制度,[23]而"殷人婚姻家族宗法生育之制度者,皆与周代近似,而为周制之前身或渊源"。[24]裘锡圭也认为父子相继的制度和直、旁系观念在商代已经出现,"在商代,也许还不存在跟周代完全同义的'大宗'、'小宗'的名称。但是,商王跟多子族族长们的关系,在实质上显然就是大宗跟小宗的关系"[25]。《左传》"定公四年"记载,成王"分鲁公以……殷民六族:条氏、徐氏、萧氏、索氏、长勺氏、尾勺氏,使帅其宗氏,辑其分族,将其类丑,以法则周公,用即命于周"。可以看出殷商民族内部始终是以"族"为基本单位的,不过这里的"族"并非如有些学者所说的"氏族"[26],而是某种类似于具体而微的商王国一样的"封国"化的"宗族",有自己的城邑和辖区,也有内部的阶级分化,即作为宗族首领的"子"和由于血缘关系的疏远而沦为平民的"众"或"众人"[27]。张光直的概括就是:"商王国,简单地说,就是商王直接控制的诸多城邑所组成的统治网络。城邑指的是以单一血缘组织——族——为基本单位的地区性居民群,是商代中国最主要、最基本的统治机构;至于'直接控制',我们的意思是指,商王授邑主以封号,并赐之土地,该邑主则由此土地获得财富,依此财富管理城邑;同时,该邑主相应地要臣服于商王,为商王提供各种服役和谷物以作报答。这样的统治网络相当庞大——据董作宾统计,约有近1000个此类的邑名——该统治网络等级森严,并且网络的周边范围也具有较强的伸缩性"[28]。这些殷民族的旁系支族即卜辞中相对于"王族"的"子族"或"多子族",殷王朝对其中的强宗巨族无论在经济上还是军事上都有很强的依赖性。这些宗族对"王族"有纳贡和提供徭役等多种义务,比如王室的田地主要是靠征调各部族的劳动力来耕作的,卜辞称为"作籍"[29]。更为重要的是,殷王朝始终没有自己的国家常备军,"王族"以及"多子族"是构成王室军队的重要力量,遇到军事活动,都是临时从中召集兵员,卜辞称为"登人"和"收人"[30]。

由于殷王国的主体部分是在宗法制度上建立起来的,在很大程度上表现为国家制度和宗法制度的同构性,即不同的"族"往往分担不同的国家职能。这些王室的旁系从宗法角度看被称作"多子族",由国家角度看就是《尚书·酒诰》提及的商代"侯、甸、男、卫"之类的"外服"制度。根据裘锡圭的研究,这些本属殷王室派出的职官由于离商都较远,渐有离心的倾向并发展为有一定独立性的诸侯[31]。由此看来，殷王室在宗教调整中对突出祖先崇拜的地位，也有预防血缘关系为地缘关系所稀释的考虑。由卜辞看，商人宗族经常要进贡祭祀用品，可能属于"助祭"的性质；还有送致"羌"、"南"等用作人牲，向王室宗庙献俘；此外常见王为同姓宗族与其他同姓贵族举行的禳灾之祭，为"御"和"告"。[32] 从"非王卜辞"看，可以相信当时"支子不祭"的制度已经确立。由于时王对殷民族共同祖先的垄断权，不同的祭祀礼仪、等级、秩序和权限的规定，实际上都是对殷王在宗法制度中的特权地位的强调，依靠主持祭祀活动来突出和强化商王作为宗子的地位，加强殷王室对同姓宗族的控制。故而可以认为，建立在祖先崇拜基础上的祭祀活动一方面是对时王神圣地位的强调，另一方面也是通过共同祖先谱系的确认以达到安抚和拉拢殷王室旁系部族的目的。

通过祭祀活动来确立祖先灵魂在信仰系统中的至高地位，这是殷人调整和改革原有宗教观念的根本原则。比如在第一期卜辞中还有祭祀许多殷系旧臣的记录，到了祖甲时代已经很少祭祀旧臣，而且自武丁之后卜辞中已全不见有臣僚入祭的迹象。此外，殷商末期除了周祭制度外，还盛行一种对近世直系祖先的"特祭"制度。这一切除了说明原始的灵魂信仰已完全为严格的祖先崇拜所取代之外，还表明殷商后期祭祀对象的选择及其重要性主要取决于它和时王血缘关系的亲疏程度。不过有一个现象非比寻常，殷人在把武丁以前的旧臣也排除出祭祀系统的同时，却把那些已经存在并具有相当影响力的自然神编入自己的祖先谱系，这就是后期卜辞中有时又把"先公"称作"高祖"的由来，比如先公"夒"等有时也被加上"高祖"称号，成为"高祖夒"，这一现象尤其以先公"王亥"最为常见。更不寻常的现象就是居然出现了先公和先王共同受祭的卜辞，即所谓"内祭"、"外祭"合而为一，这意味着被称为先公的灵鬼——即自然神——也被编入了血缘上的祖先系列，一般是被作为远祖即高祖编入这一祖先谱系之中的。

伊藤道治发现，卜辞中"河"神不仅是作为黄河之神而被崇拜的，还被看作是对一般的水施展力量的神。"河"的字体按时期分为数种，其中第四期的字体和卜辞第三期中的贞人"何"完全相同。另外，也有被视为地名的河字，一般认为是在殷西南处，即黄河改向东北流去的地域。据此，赤塚忠认为"河"是何族的族神，作为地名的"河"就是"河"神的祭地，主持祭祀的就是贞人"何"出身的"何"族。先公"夒"的情况和"河"一样，也是有着类似性质的自然神，一般认为主要对雨或农业有巨大的力量。这个"夒"同时也是族名，陈梦家就指出过它是第一期卜辞中出现过的"(夒)方"。还有相似的例子就是作为山神的"羊"，推测是嵩山之神。这个字在甲骨文中除了作神名外，还作地名和人名。从以上事实看来，伊藤道治推测这些先公、自然神等本为殷以外的其他民族祭祀的神，随着殷逐步把这些部族置于自己的控制和支配之下之后，殷也祭祀其神，有的甚至被编入殷民族自己的祖先谱系中，即当作殷人的先公来祭祀和崇拜[33]。当时各族各有自己的族神，各族间的战争也是其族神之间的战争。随着殷人的扩张，臣服于殷的部族神在祭祀对象体系化时，同样被置于从属的位置，在殷地被祭祀的先公之所以作为力量弱于帝的形象出现在卜辞之中,正是殷系部族和其他异姓诸侯国之间不平等的权力关系在信仰体系中的反映。

如前所述,中国古代不平等权力关系的产生源自宗法制度对原始氏族制度的破坏,这种不平等主要还是出于血缘关系的亲疏有别。当宗族这个社会共同体转化为国家,而且试图把其他异姓民族纳入这个权力结构的时候,其权力要求则主要诉诸赤裸裸的暴力。很多学者都曾指出,"王"字源于斧钺的象形[34]。《韩非子·五蠹》认为"王者,能攻人者也",看来确是一语道破历史的真相。据《尚书·无逸》记载,高宗(武丁)时期殷王朝国力非常强大,"嘉靖殷邦。至于大小,无时或怨"。丁山也认为,武丁时期的殷商国力达到鼎盛,对外扩张也以这一时期最为积极。[35]从卜辞记载的殷商和诸多方国之间的战争来看,商王朝对其他部族基本上通过军事手段或完全吞并,或逐步蚕食侵吞,对那些强大的方国至少也要打到它们臣服为止。卜辞中"致邑"、"册邑"、"作邑"、"乍邑"以及"作大邑"、"乍大邑"的记录都可以说明当时殷王朝的意图并非是要确立自己在方国联盟中的盟主地位,而是要建立一个从中央到地方的国家体制。"作大邑"和"乍大邑"指的是建立直属军事重镇,以作进一步扩张的根据地,已经很接近后来的郡县制度了。[36]殷王国制度"国家化"的走向在宗族制度内部的体现是族权和王权的合一;推及殷王朝控制的"天下",则表现为绝对王权观念的出现,即国家一切庶政都被称为"王事",某人接受王命,史官记作"协王事",殷王称为"协朕事";[37]这就是卜辞中殷王自称"余一人"的原因[38]。这样看来,把殷商称作"酋邦"或者"方国联盟"都是不妥当的。

由周原甲骨可以发现,自武丁时期臣服于商之后,周人也有祭祀殷人祖先的义务。[39]这是否殷人胁迫的结果,周人早有翦商之志,是否与此有关,已经不可知了。不过许倬云确信"天"属于周人固有信仰,他认为武乙射天故事和"形天"传说的背后,除了族群对峙的可能外,还带有文化信仰冲突的痕迹。[40]如前所述,殷人祭祀体系中的自然神应该属于被征服或者臣服于殷族的各异姓部族的族神。在殷商王朝的政治及宗教生活里一直存在着一个"贞人集团",这些贞人都来自于当时臣属于殷商的诸侯国,殷从臣属的诸侯国征召这些贞人到殷都服务,其原因和后期把各种自然神编入自己先祖谱系的做法一样,一方面可能是作为联络其他部落的统战策略,另一方面也可能是试图从精神上控制这些部族的宗教手段。据说贞人集团在殷商前期极为活跃,人数最多,对现实政治的影响力也极大。[41]但到了后期,贞人影响已大不如前了,除了前述的新派大规模缩减占卜范围外,贞人数量也大为减少,而且殷王常有越过贞人亲贞亲卜的举动。据董作宾的研究,第五期卜辞绝大多数不再记录贞人的名字,"录贞人者为例外,不过百分之一二而已"。[42]春秋时期诸如"鬼神不歆非族"和"同姓则同德,异姓则异德"之类的观念的出现相信不会晚于宗法制度太久。由于殷商实行严格的祖先崇拜,其信仰体系已经失去了对其他异姓族神的包容力,加上殷王朝国力的下降,殷王室对周边异姓封国和方国的威慑力和凝聚力在后期已经大为下降。有学者推论,殷王国的突然崩溃与此不无关系[43]。

第三节　殷商国家信仰系统的调整(二)
——两个世界之间紧张关系的消解

马克斯·韦伯论及中国宗教时多次强调儒家对现世人生抱有"强烈的现世乐观主义"态度,它不逃避世界,也不关心生死鬼神等无结果的问题。在他看来,"那种把对现世的紧张关系,无论在宗教对现世的贬低还是从现世所受到的实际拒绝方面,都减少到最低限度理性的伦理,就是儒教。现世是一切可能的世界中最好的世界,人性本善,人与人之间在一切事情上只有程度的差别,原则上则都是平等的,无论如何都能遵循道德原则,而且有能力做到尽善尽美。……正确的救世之路是适应世界永恒的超神的秩序:道,也就是适应由宇宙和谐中产生的共同生活的社会要求,主要是:虔敬地服从世俗权力的固定秩序。……在儒家伦理中,自然与神祇、伦理要求与人之缺陷、原罪意识与救赎需要、现世行为与来世补偿、宗教责任与社会政治现实之间的任何紧张关系,都付诸阙如"。[44]如果不拘泥于以有神无神来作为宗教判断的标准,而是从社会功能的角度来考察宗教史的话,我们完全可以发现由殷商危机仪式到祭祀礼仪,再到西周礼乐制度——一种无神论宗教——之间的连续性突破的文化脉络,而这种从两个世界之间紧张关系的消解走向和谐、乐观的宇宙论态度的思想进路,也完全可以从殷商信仰系统中"帝"观念的浮沉以及"祖灵"意识的变化中见到其最初的端倪。

许倬云把上古中国划分为相互独立的两大文化圈——以神祇信仰为表征的红山文化和良渚文化、以祖先信仰为表征的仰韶文化[45]。许倬云认为,红山文化与良渚文化这两大玉器文化的内容,不但在于玉器工艺精美,更在于其明显为礼仪功能的特性。这些大遗址群,都是礼仪中心,在高山上或者人工筑起的高地上,有各种不同的礼仪性建筑:坛、台、庙、殿以及显贵人物的墓葬。在礼仪中心的附近,不见一般居住遗址。因此,这些礼仪中心都具有"圣地"的性质,与凡俗世界有所隔绝。良渚文化遗址发现的玉和玉璧一般都认为是通天的礼器。这两个玉器文化礼仪中心的墓葬中,未见日常器用作为陪葬品,更可以反映其与凡俗隔绝的意味。而仰韶文化的信仰,源于死者灵魂的观念,例如墓中的魂瓶有一小孔,当是供灵魂出入所用。这种灵魂观念,转化为事死如生,即是以日常用品殉葬,仰韶文化墓葬中,所见都是活人使用的器皿和工具。这一信仰可以转化为中国文化的祖先信仰。相对于红山与良渚两个玉文化礼仪中心显示的神社信仰,则祖先崇拜的特色毋宁是人鬼信仰。

我们没有理由相信所谓"中国古代文化"从一开始就应该被视作一个浑然的整体。张光直就从考古发现的角度提出,我们不应该把夏商周三代视作一个空间上重合、时间上继起的"一长条",而是应该注意到三者作为三个不同的政治集团在时空上的重叠关系,注意到古代文明发达史其实是不同的政治、文化集团在"平行并进"过程中相互冲击、相互刺激和相互融合的结果。[46]从理论上讲神祇信仰和祖灵信仰的历史发生容或有先后，但从现有的考古发现看来，这两种信仰模式更多地表现为空间上并存的形式，并在多元文化的并存中相互融合。苏秉琦就曾在他的区系文化类型理论中指出，山西襄陶寺文化遗址就可以看作红山文化和仰韶文化融合的典型个案。[47]从殷墟出土的卜辞来看，这两种信仰习惯都在殷人的祭祀形式中得以保存和体现。殷人的祭祀对象既有自上甲以下的先王先妣，也有日、月、山、河、风、土等自然神，以及兼有自然神和祖宗神特征的身份不甚分明的"帝"和"先公"等。无论是以"帝"为祖先神还是自然神，至少有一点大家都有共识，即"帝"不接受人间的祭祀[①]，所以在卜辞中明确作为祭祀对象的只有先王先妣和先公两类，它们的功能又有分工，先公类主要作用于自然现象，先王先妣类主要作用于和他们有直接血缘关系的王室。

　　殷人信仰系统的调整一方面表现为以祖先崇拜为原则对神圣对象的整合（如第二节所述），在另一方面则表现为两个世界渐行渐近乃至最后合而为一的历史过程，而"帝"观念的浮沉大致也可以由此得到一个合理的解释。在第一期卜辞中，常有"祖乙'耑'王"和"妣庚'耑'王"等祖先作祟于王的记载。值得注意的是，这类先王先妣基本上属于殷世系中祖乙以下的殷室成员，和时王的血缘关系更为直接和确定。胡厚宣在论及殷人疾病观时，也指出在卜辞中有不少先王先妣导致疾病的记载，对于疾病的治疗也是只能祷于先王先妣，而决无祷于上帝者。他还指出，这类记载仅限于武丁一朝五十九年间，武丁以后的卜辞里"疾"字已经很少见了。[48]可能这正是由于祖灵观念前后有个巨大变化。这种接受祭祀的先王先妣具有可以加害时王的观念说明，这与其说是祖先崇拜不如说是一种建立在对死者和死亡本身恐惧之上的死灵意识。伊藤道治发现，如果把所有卜辞中有关祖先记载的材料联系起来看，会发现一条从对死灵或死者的祭祀向着更为明确的祖先崇拜渐次进化的清晰线索。第一期卜辞都是希望"亡'耑'"，有请求宽恕的意思。在第一期卜辞中，'耑'之有无和祭祀没有什么关系，希望"亡'耑'"，只是希望得到祖先的宽恕。第二期则是"亡尤"，"亡尤"则含有选择的意思，即询问祖先是否接受祭祀的意思，也就是说，祖灵的意志可以根据人的行为而得以左右了。也就是说，和第一期先王先妣喜怒无常的不确定性相比，祖灵显得跟人更为亲近，变得更有人情味了，也就是更接近所谓祖灵和祖先神。从这一时期开始，出现了对先王、先妣进行有规律的"五祭"。如果说第二期卜辞所见的祖灵或许还可能因为祭祀不周的缘故而降下灾祸，祖先作为给以佑助的观念还很淡薄，到了第三期、第四期卜辞里，祖灵基本上被想象为根据祭祀而给以恩惠，祖灵显然被意识为容易给后人恩惠的形象。从这一差异看来，当时已经从"死灵崇拜"进化到"祖先崇拜"。[49]

　　人类对于死者既感到悲痛又怀有恐惧和厌恶的矛盾心理是一个世界范围的普

---

　　① 陈梦家指出，上帝与人鬼不同处在于它不享受祭祀的牺牲，人也不能向它直接祈求（转引自陈来《古代宗教与伦理》，104页），艾兰也持同样的看法（参看艾兰《早期中国历史、思想与文化》80、93页有关论述）。

遍现象,至今犹不能免。弗雷泽和卡西尔对这一问题都曾有过研究,他们发现,在原始思维中死亡绝没有被看成是服从自然法则的必然现象,这也就是说,死亡意识的产生是一个历史性的过程①。按照马林诺夫斯基的说法,整个人类世界所面临的一些普遍性的问题可以说都是由"人生最大且最终的危机——死亡——引起的"。总体来看,这个问题可以分为两类:一类是个人性的自然反应;一类是社会整体必须作出的结构性调整。有学者由卜辞和金文"死"字字形推断:"死字构形所揭示的本义为人死遗骨,这表明中国古人对死亡的认识,是由人类自身的死亡直接获得体验的。"⁵⁰从个体角度看,他们对于死亡的态度自然是恐怖、绝望和憎恶。出于对死亡现象的憎恶,他们相信人死后虽然其灵魂依然存在,但是灵魂的基本"人格"却经历了显著的变化,即变恶了,这是死灵信仰的理论基础。根据马林诺夫斯基的理论,所有文化都必须具备缓解其成员死亡恐惧的功能,殷人信仰系统中祖灵观念的前后变化与此不无关系。比如在殷文化中我们往往发现殷人把自己祖先常常和太阳联系起来,在第三期康丁时代卜辞把祖先的名字后面附上"日"字的习惯也很常见,保定南乡出土的殷代三句兵——据王国维说这是"殷代北方诸侯勒祖父兄之名于兵器以纪功者"——也有类似写法。这一现象已为很多学者所注意,不过由此得出殷商时期的太阳崇拜,甚至认为"日神"就是殷人至上神"帝"的原型②,这些说法应该是不成立的③。可能佐藤道治的观点更合理一些,他联系祖甲以前常见的先王先妣作祟和卜问有无夜祸的记载,推测可能受死灵观念的影响,人们也把死亡祖先想象为生活在一个黑暗恐怖的世界④。随着祖先变得亲近,祖先居住的地方也不再是被看作人的意识以外的黑暗世界,而是看作现实世界的投影,看作活人也可以想象和理解的世界⁵¹。不过从殷王室对信仰系统有意识的不断调整来看,祖灵观念

---

① 参看弗雷泽《永生的信仰和对死者的崇拜》(中国文联出版公司,1992 年)以及卡西尔《人论》(104—112页,上海译文出版社,1985 年)的相关论述,弗洛伊德对此也有论述(参看弗洛伊德《摩西与一神教》,生活·读书·新知三联书店,1989 年),不过他提出的"弑父情结"的历史解释已被排除在严肃的学术研究之外。

② 把殷商时期的信仰体系完全归入太阳崇拜或者日月神崇拜的论著有很多,大致有姜亮夫(姜亮夫:《殷先公先王以日名之义及其发展》、《日月光华之颂》,收入《古史学论文集》,上海古籍出版社,1 996 年)、艾兰(艾兰:《龟之谜——商代神话、祭祀、艺术和宇宙观研究》第二章"商代神话和图腾体系的重建",四川人民出版社,1992年;艾兰《早期中国历史,思想与文化》第一章"太阳之子:古代中国的神话和图腾主义")、杨希枚(杨希枚:《中国古代太阳崇拜研究》"语文篇"、"生活篇",收入《先秦文化史论集》,中国社会科学出版社,1995 年)以及王晖(王晖:《商周文化比较研究》,24—35 页,人民出版社,2000 年)等人著述为代表。

③ "太阳崇拜"说之不能成立,原因至为简单,因为日神以及月神在殷商信仰体系中根本不具有重要的地位。卜辞自祖庚后有祭日的记载,但决不见有祭月之事。殷人有以日食或太阳变色为灾祸的观念,但祭祀求告的对象却不是日神,而是河、岳等自然神或者上甲、小乙、武丁等祖先神,尤其是殷人多次求告于先公上甲;对日食和月晕等月相异常的求告对象是社神而非日神。而且,日月神的地位到了周代进一步衰落,卜辞还有祭日的内容,到了西周,根据《礼记·祭义》记载,"祭天之礼,兼及三望",日月神都沦为祭天仪式上的配角。《山海经》有"帝俊之妻"羲和生十日,和"帝俊之妻"常羲生十二月的传说,多为上述学者反复征引以为殷人"太阳崇拜"说之助。其实这种把自然神编入殷王室宗族谱系的做法不只限于日月神,而且适足以证明殷人以祖先崇拜为原则逐步整合原始信仰多元化形态的总体趋势。

④ 想象死者的灵魂生活在一个黑暗的世界,这一观念直到春秋战国时期还保留在上层贵族间。《左传》"隐公元年"郑庄公说"不及黄泉,无相见也"的"黄泉",以及《楚辞·招魂》中"魂兮归来,君无下此幽都兮"的"幽都",都是这一原始观念的延续。

的转变也许不只缓解心理压力的消极功能，还有其他的积极意味。莫里斯·E·奥普勒发现阿帕切部落成员对死亡亲属怀有一种异常矛盾的心理，即一方面因为失去亲人而悲痛欲绝，另一方面却又对死者表现出某种畏惧乃至憎恶的感情。他提出的解释是，阿帕切人当时社会组织的基本单位是一种扩展了的大家庭式的联合体，并且为了防止大家庭的瓦解还实施了一系列异常严格的控制措施。在他看来，那种无可理喻的矛盾心理可以视为家庭成员对这种大家族及其人格化象征的家族权威的矛盾心态的最好体现[52]。这是一种相当新颖有趣的解释，不过反过来看，殷商时期由死灵观念向祖先崇拜的转化，则完全可以理解为殷王室成员对自己所属的家族和社会共同体依赖感和认同感的强化。

　　和祖神日渐亲切温和的转化相一致的，是第一期卜辞里那个恩威莫测、喜怒无常的"帝"逐渐消失了。由卜辞看，"帝"大致有六项功能：1、命令风雨；2、降旱灾；3、授予丰年；4、授予天佑；5、降祸；6、对人事的应诺。"帝"既可以作用于自然现象，又关乎人事，所以有关卜辞中的"帝"是祖先神还是自然神的争论，一直都是学术界聚讼纷纭的一桩公案。"帝"之原义本为花蒂之"蒂"（吴大澂说），这已是学界公认的看法了，王国维在此基础上提出："古者谓始祖之父曰帝，帝者蒂也。王者祭其祖之所出谓之帝。帝，谓祀帝也。故《诗》曰：'皇皇后帝，皇祖后稷'。高鼎文曰：'帝已祖丁父癸'。帝、祖、父并言，明乎帝为始祖之父也。始祖可知，始祖之父为不可知，故帝之。帝也者，神之也。至《曲礼》谓'措之庙，立之主，曰帝'。则又可以推始祖之父之称，以称既死之祖父。至以称神当为后起之名"。[53]刘正也持有类似的见解，他认为古代家族、宗族和氏族的区别在于："家族是对在世的人与人之间所具有的直接的血缘关系的说明，并且是构成社会的最为基本的单位；宗族则是以某一已故先人作为真正祖先的若干家族的结合体；氏族则是以某一具有神格意味的始祖神作为虚构祖先的若干宗族的结合体。"[54]也就是说，卜辞所见的"帝"应该是殷部族在原始氏族时期"神话祖先"观念在新的历史条件下的发展。即使力主"帝"为至上神的郭沫若也承认"帝"是殷人始祖而兼有至上神色彩[55]，无论"帝"能否称作至上神，"帝"之祖宗神意味要先于其自然神色彩已然是不争的事实。张光直也认为，"殷人的'帝'很可能是先祖的统称或是先祖观念的一个抽象"[56]。

　　其实"帝"兼有祖先神和自然神的双重身份一点都不奇怪，"帝"观念的出现正是殷商国家这一政治结构和宗法结构的同一体在宗教层面上的对应物，正如汤因比所发现的那样，这是一种"对人自己集体力量的崇拜，体现在区域社团中并被组织在区域国家中"[57]。就像"商"本身就是一个地域名称（城邑）和宗族组织的同一体一样，"帝"自然也同时兼有祖先神和自然神的属性。不同于古罗马等国家建立过程的是，殷王国的建立及其扩张不仅不是建立在对氏族、宗法制度的破坏的基础之上的，反而表现出对宗法制度极强的依赖性，这就致使它的宗教不可能如汤因比描述的那样从一种"区域社团的偶像化"发展出某种超越宗法制度的世界（或者"天下"）范围内的"统一社团的偶像化"[58]，而是从抽象暧昧的"帝"落实到具体亲切的集体祖先身上。随着祖先崇拜和祖先谱系的确定，"帝"在卜辞中出现的频率日渐稀少,"帝"的功能有日渐为祖先神侵夺的趋势,等到了卜辞中以"帝"称呼先王的风气开始出现,这时候"帝"和殷人祖先已经完全合一了。

中国早期宗教对祖先崇拜的强调不足以构成中国文化和其他异文化的根本差异,施密特、伊里亚德等宗教学者都曾经注意到这是一个世界宗教史上的普遍现象①,重要的是中国早期宗教就此脱离了宗教史学家描述出来的由"低级宗教"走向"高级宗教"的必然规律,或者说中国化的"高级宗教"(儒学或者儒教、道家和道教)由此表现出一种完全不同于西方宗教的特异之处,这也正是西方宗教学者往往把中国宗教视作变态的原因。讨论这种唯一宗教史观的普遍合理性程度已经超出了本书的范围,本书只是说明宗教一旦产生,自然就具有了客观化了的实在性,这也是一切文化研究和美学研究所不容忽视的地方。这种宗教上的直观差别,无非就是有无实体化的"位格神"的区别,用汤因比的话说,中国原始宗教就是停留在自我崇拜的阶段从而丧失了通过对现世的否定来获得对绝对实在领悟的可能性[59]。用韦伯的话来讲,就是缺乏形而上学的兴趣导致了"救赎观念"的缺席[60]。用蒂里希的话说,就是宇宙论宗教和本体论宗教的区别[61],他们的表述尽管有不同,但表达的意思都差不多。这一根本差异对后世的影响主要体现在对天人之际的紧张关系的消解以及由此而来的对人自己及其现世生活的神化,其后无论是"天"还是"道"的出现,都只是对人及其力量的确认而已。

第四节　"内在超越"的价值世界
——政治秩序的同心结构

根据蒂里希的宗教理论,殷商时期的宗教显然具有十足的"异教"意味,在他看来,"异教可以定义为将一种特殊空间推至极致的价值和尊严",由于将某种终极性的神圣价值赋予了这一有限性的地域,这也必然导致异教具有另外三个特征,即多神教的、扩张的和非道德化的特征[62]。从现有材料看来,这些特征和殷商宗教还是基本吻合的,而且由于殷商国家制度、宗法制度和宗教制度的基本重合,殷民族的集体祖先逐渐获得在信仰系统中的核心地位,由此我们甚至可以推测,殷人可能是把神圣价值赋予一个更为有限而明确的神圣空间,即殷人祖先活动的主要场所——宗庙。

商代已有太庙,卜辞称作大宗,卜辞常有"在大宗彝"、"在大宗卜"的记载。这

---

① 施密特通过对世界宗教的比较研究发现:"在原始文化以后,或者在后期,族父显然是侵占了至上神的地位,有时这种取而代之的方式是友谊的,最初族父好像是至上神与世人的媒介,因而把至上神推到一旁,并渐渐地推到一种崇高而闲居的地位上去,而族父自己就变成了造物主了"(施密特:《比较宗教史》,262页),伊利亚德也发现,由于人类对自身兴趣的日益增长,"在原始宗教的每一个地方,天上的神祇看起来似乎已经失去了他的宗教广泛性,在祭祀中没有了他的位置,在神话中他也离开人类越来越远,并最终成为一个逊位神"(伊利亚德:《神圣与世俗》,68页)。

样的观念一直延续下来,《庄子·秋水》云:"吾闻楚有神龟,死已三千岁矣,王巾笥而藏之庙堂之上。"《左传》"哀公廿三年"有:"知伯曰:君告于天子,而卜之以守龟于宗祧。"《礼记·郊特牲》云:"卜郊,作龟于祢宫。"《史记·龟策列传》云:"王者发军行将,必钻龟庙堂之上,以决吉凶。"除此之外,祭祀、献俘、祈福等等活动都必须在宗庙举行,这些记载都说明宗庙是殷王和祖先们交流的主要场所,甚至可以说宗庙就是殷人祖先的所在地①。董作宾曾经提出,终殷商一世虽然屡次迁都,其最早的都城——商邑——却一直保持着祭仪上的崇高地位。"商"在卜辞里屡见,指的是某一座城邑,有时又称为"大邑商"或"天邑商"。有的学者以为是安阳,董作宾经过对"帝辛"征服"人方"之役的进军线路的研究,确定其为今天商丘一带。董作宾把"商"邑的位置确定在商丘,商邑的确定为商王朝和商王国提供了一个稳定的中心区,商都屡迁,都是围绕"圣都"的。商邑是商王们保存他们祖先最为神圣的宗庙、灵位的场所,在重大祭祀活动和许多军事活动中都扮演着重要角色。他认为:"商者,实即大邑商,亦即今之商丘,盖其地为殷人之古都,先王宗庙在焉,故于征人方之始,先至于商而行告庙之礼也。……殷人以其故都'大邑商'所在地为中央,称'中商',由是而区分四方,曰东土、西土、南土、北土。"②饶宗颐也注意到"卜辞屡见'中商'之名。卜辞云乎'御方',即指迎气于四方,盖殷人于四方及中之五方观念均已具备"。他还提出:"殷人自称为殷,义与'中商'不殊。《尔雅·释言》:'殷、齐,中也。'殷、齐皆国名,并取地中为义。"63胡厚宣也有类似的发现,他注意到早期卜辞中只有占卜"四土受年"之例,直到武乙、文丁时期的卜辞才出现了卜问"五土受年"的辞例,"所以知商与东南西北四方为五方者,因卜辞常称'商'为'中商',……商为殷人首都,'商'而言'中商',犹言'中央商',中商而与东、南、西、北四方并举,则殷人

---

① 由殷墟卜辞来看,当时"天"字还没有任何神圣性和神秘性可言(参见王国维:《释天》,收入《观堂集林》),自然不是祖先神的居住地,想象神人居住在天上的观念要到汉代才开始流行。另外,随着"死灵"观念的转变,殷人也放弃了原有的类似"幽都"一类观念,祖先被想象为生活在一个光明的世界(如第三节所述),再加之殷人诸如祭祀、占卜、祈福、献俘等一切和祖先神的交流活动几乎都必须在此举行,从而推断殷人以宗庙为祖先所在的说法应该不无道理。不过,此说也难有直接的证据。从《左传》"鬼,有所归"的说法看,当时人们还是相信"鬼"对宗庙以及祭祀是有很强的依赖性的。此外,从《楚辞·招魂》来看,屈原以为天上、地下都是危险的去处,或可说明时人并没有祖先亡灵生活在天上或地下的想法。郭沫若认为,楚文化与商文化存在一种直接的继承关系:"殷代文化为我国文化之渊源,中国北部本开发于殷人,南部长江流域之徐楚文化实亦殷人之嫡系。盖徐楚乃殷之同盟而周之敌国,亘周代数百年间积不相能者也。周人承继殷人文化发展于北,徐楚人亦承继殷人文化而发展于南"(郭沫若:《殷契萃编·序》)。由此推测殷人以为宗庙是祖先亡灵的栖身之所,或许并不是毫无道理。艾兰相信,中国"人间世界用祭拜的形式延伸到了神的世界,除此以外,它们并没有为神创造出另外一个世界"(艾兰:《早期中国历史、思想与文化》,78页),可谓得之。

② 董作宾:《殷历谱》,转引自张光直《商文明》,257页。王国维也有极为相似的看法,他认为:"商之国号,本于地名。……始以地名为国号,继以为有天下之号。其后虽不常厥居,而王都所在,仍称大邑商,迄于失天下而不改。"王国维:《说商》,收入《观堂集林(外二种)》,河北教育出版社,2001年。

已有中、东、南、西、北五方观念甚为明显"①。商人将自己作为独立一方加入到四方之中，变原来单纯的空间关系为具有感情色彩和价值意味的等级秩序关系，这一变化的思想史意义自不容忽视。

将某种"神圣空间"视作"世界中心"的做法在世界宗教史上比比皆是，这种神圣空间的确立意味着均质性的空间连续体的中断，甚至可以说具有一种凿破混沌的意义发生学意味。所以伊里亚德一直强调这种"对神圣空间仪式性方向的获得和建构所具有的宇宙生成的价值"，他认为："一个神圣空间的揭示使得到一个基点成为可能，因此也使在均质性的混沌中获得方向成为了可能，使'构建'这个世界和在真正意义上生活在这个世界上也成为了可能。"64 不过和伊里亚德从其他宗教所得出结论不同的是，殷人的神圣空间并没有就此成为从一个宇宙层面到另一个宇宙层面的梯子或通道，换句话说，殷人神圣空间其神圣性的获得并非来自它对某种绝对实在或者终极价值的开放，而是来自殷人的集体性自我神化，来自殷王族和其他周边同姓部族、异姓部族的区别，因而这种神圣中心的产生无非是自我中心的异化形式而已。这一切也都决定了这种价值世界的建构必然是一种封闭、自足的结构形式，而这完全可以从殷商时期的"天下"格局中得到明确的验证。

殷王朝的"天下"是一个以王室宗庙所在的圣都——董作宾认为是商丘——为中心，由周边城邑组成的王畿、"四土"、"四戈"和"四方"共同构成的规整的同心结构。甲骨文、金文都有"大邑"、"商邑"的记载，此外还有"大邑商"、"天邑商"等名称。周代及以后文献屡屡将殷、商同商邑、大邑商、大邑等同看待。《史记·五帝本纪》："一年而所居成聚，二年成邑，三年成都。"先秦时期的邑原为居民点，聚落渐成而后渐次发展，规模扩大而成都邑。殷商卜辞有关"邑"的记载，其数量达到三四十个，可见殷商初期邑的规模不会很大。随着人口的增加，邑的规模也随之不断扩大，其性质也开始发生一系列的变化。《左传》"庄公二十八年"："凡邑有宗庙先君之主曰都，无曰邑。邑曰筑，都曰城。"《白虎通·京师篇》："夏曰夏邑，商曰商邑，周曰京师。"此后，关于邑的名称日渐繁复，如《尔雅·释地》所记载的那样。殷商时期，商王直接管辖的区域非常有限，也就是殷商王畿周围的土地，主要由一定数量的邑组成。无疑，在这些邑中，规模最大、居于中心的必然就是殷商王朝的都城，所以常以商邑、大邑指称商国。甲骨文中商王常常占卜年成的丰歉，专用词语是"某受年"、"受黍年"等。甲骨文常有关于"四土受年"的记载，四土应该距离王都不远，因为这些地方的受年、不受年，与商王有直接的利害关系。所以，四土应该就是商

---

① 胡厚宣：《殷卜辞中所见四方受年与五方受年考》，收入深圳大学国学研究所编：《中国文化与中国哲学》，东方出版社，1986年；及胡厚宣《论殷代五方观念及"中国"称谓的起源》（收入《甲骨学商史论丛初集》上册）也有类似的见解。殷人开始把"中商"和其他东、南、西、北诸"土"及诸"方"并举，表明殷人开始出现整体性的"天下"概念，其思想史意义非同小可，学界也都认可后世"五行"观念和殷人的"五方"观念应有密切联系。不过从胡先生所举的"受年"卜辞来看，应该都是"四土"而非"四方"，胡先生未作区分可能是没有注意到卜辞中"四土"和"四方"的区别，而且卜辞中也从未见有卜问"四方受年"的记载。根据陈梦家的研究发现，卜辞表明商王非常关心王畿地区、商和所有的外服城邑（我）和臣服于他的每位邑主的受年情况，并为他们的收成状况占卜，但卜辞中从未见过卜各"方"之受年的特例（转引自张光直《商文明》，207页）。

代后期的王畿之地[65]。卜辞中除了占卜四土受年的记载外,还有为"妇姘"、"妇好"、"雀"、"甫"、"微"等封国收成占卜的记录,这在卜辞中称为"某受年","某"均指册封的诸侯国。比"四土"稍稍降一等的是卜辞中的"四戈"之地,陈梦家认为:"卜辞的四戈疑是四或、四国,但因为'于四戈乎'诸侯出征,则戈当指边境之地",可以判断"四戈"可能是处于殷商王畿和四方方国之间的交界地带,其地位和价值也低于"四土"。由卜辞看,殷人的"天下"格局除了"中商("大邑商"或"天邑商")、"四土"以及"四戈"外,还有一个"四方"概念。根据张光直的研究,卜辞"方"明显指的是政治实体,而不同于商王控制下的诸多城邑。"邑"指的是城邑或带有方形城圈的居民点,它是聚族而居之处,和"方"明显不同。如西周时期的青铜铭文的"卫"字有两种不同写法:一是以步兵护卫城邑的进出口处,另一种是用步兵护卫着"方"的大门。这表明,"邑"和"方"是两个概念[66]。伊藤道治也持有类似的看法,他认为"属于殷,或跟殷有亲密关系的国名后不加'方','方'是对侵入殷或者受到殷的征伐的国家,即是作为殷的外敌的词而使用的","把许多分散在殷周围的各个国家的诸神综合起来,加以抽象化,分为东西南北,这就是四方之神"[67]。在殷人的世界观中,"方"指的绝非一个中性的方位概念,而是殷部族周围的其他异族,多有学者把这个代表部族的"方"字解释为"旁",而今文《尚书》和古文《尚书》也确有"方"和"旁"相互替换的例子,这样看来"方"就意味着依附在殷人旁边居住的异族[68],其中沙文主义的浓厚气息自属难免。由卜辞看,无论在殷部族的扩张期还是后来的衰落期,殷部族和周边方国之间的冲突几乎没有停过,部族间的敌意和仇视自然也渗透到"方"概念之中。"方"一词内在的歧视性意味直到西周时期仍然存在,比如《诗经》的《雅》、《颂》诸篇多为西周王室和贵族所作,其中"四方"一词频频出现,而在十五《国风》里"四方"一词却无一例外地为"四国"所取代了。

　　方位观念的产生意味着人对空间世界的分割、整理和命名的完成,也就是一个原始分类的过程,也是一个对自然的"人化"和社会化的过程,只有通过这个过程,自然对人而言才成为一种"有意义的形式"。涂尔干和莫斯通过对澳洲土著民族分类习俗的研究发现,任何分类原则以及随之而来的等级秩序的产生,其原因既不是先验的,也不是个体的。涂尔干认为,分类绝不是人类出于自然的必然性而自发形成的,它是一个社会化过程的产物[69]。这也就是说,对某种特定的分类观念的理解只有通过对当时人与人、人与世界关系的理解才成为可能,涂尔干进而提出,这些源初的社会性观念、原则也必将作为逻辑性范畴继续保留在人类的思想活动中。周在克商之后依然因循了殷商的"中国"观念,《周礼·夏官》将天下以王城为中心划分为九畿,自内向外的展开同时意味着价值的递减。区别在于周人否定了"中"的绝对价值,只承认"中"的价值在于它和"天"的神秘感应。《尚书·召诰》称:"王来绍上帝,自服于中土。旦曰,其作大邑,其自时配皇天,毖祀于上下,其自时中乂。"伪《孔传》认为:"称周公言其为大邑于土中,其用是大邑配上天而为治。"首先将"中"和"天"联系起来的是"地中"这个概念,《周礼·地官·大司徒职》记载:"以土圭之法测土深,正日景以求地中……日至之景,尺有五寸,谓之地中。天地之所合也,四时之所交也,风雨之所会也,阴阳之所和也。然则百物阜安,乃建王国焉。"按照许倬云的说法,"天"属于周民族的固有信仰,在殷人的世界中,"天"对人而言是无意义甚至是敌意的[70]。由此看来,"地中"观念的产生既是殷周民族信仰替换的结果,又是对殷人"天下"格局的迁就。"地中"说就此成为一直延续至今的"中国"、"正统"等政治、文化观念的滥觞,并对中国古代天文学的发展也产生了重大影响,"盖天说"有"天似盖笠,地法覆盘"的说法,根据"盖天说"的理论,天和地是两个平行的曲面,位于天地之中的垂直轴使天和地呈严格的对应关系。这也就是说,源自地上世界的"五方"分类原则完全适用于对"天"的认识,这便是古代天文学中"中宫"和"四象"范畴的由来,后世的天文学发展又为同时"地中"说提供了强有力的科学支持[①]。显然,"中"作为五方观念中的"内空间"在沟通天人之际发挥着巨大的作用,这已是有周以来中国人的共识,这也正是《说文》训"中"为"内也,上下通"的原因。

周代在保留了"中"的部分原始宗教意义的同时,特别强调了"中"的道德规定性,"中"之沟通天人的价值意义主要表现为"天"对人的道德强制作用。周人以"天"为道德的人格神,所以有一种诚惶诚恐的"保天命"的思想,这便是《汉书·谷永传》"建大中,以承天心"说法的由来。陈来认为:"殷周世界观的根本区别,是商人信仰中并无伦理的内容,总体上还达不到伦理宗教的水平。而周人的理解中,天与天命已经有了确定的道德内涵,周人所提出的新的东西并不是一种新的宗教性,而是它所了解的天的道德意义"[71]。如前所述,《周礼》描述的理想世界又是一个自上而下、由内而外的价值嬗递的空间序列,王道是对天道的模仿,人道又是对王道的模仿。这样,"中"也开始逐渐被理解为适用于一切人的道德范畴。随西周"祛除巫魅"的理性化过程,"中"与"天"的神秘联系被淡化了,它的价值意义主要来自对"中"在五方空间之"中"不偏不倚的象征意义的强调。"中"之体现的公平、公正的道德要求,在周人看来,不只是行之于德,更要施之于刑。《尚书·吕刑》强调"惟良折狱,罔非在中",《尚书·立政》记周公要求,"兹式有慎,以列于中罚"。周人对"中"的意义发挥还不止于此,《尚书·吕刑》称:"民之乱也,罔不中听狱之两辞。"又称:"上刑适轻,下服。下刑适重,上服。轻重诸罚有权。刑罚世轻世重,惟齐非齐,有伦有要。"在这里,"中"指的不只是公平、公正的结果,更是获得公平、公正的过程和手段,"中"指的也不再是机械的公平、公正,而是一种恰到好处的分寸感。要之,"中"作为价值概念已有由静态趋于动态的趋势。

---

① 根据江晓原的研究,后人把"盖天说"的"天似盖笠,地法覆盘"理解为"天地形状为双重球冠形"的传统理论是不合理的,这和《周髀算经》提供的数学模型也是相矛盾的,而《周髀算经》中至少提到三次的"北极璇玑"指的是什么就更无从落实了。他认为,在古人眼里所谓"璇玑"并不是一个假想的空间,而是实际存在于天地之间的一个柱状体,这个圆柱在天上的截面就是"北极"——当时的北极星究竟是今天的哪一颗星还存在争议——作拱极运动在天上所划出的圆,它在地上的截面是一个直径为二点三万里的特殊区域,因为正处于极星正下方,所以又称"极下"(江晓原:《天学外史》,119—123页,上海人民出版社,1999年)。《山海经》和《淮南子》也多有沟通天地的"神山"、"神木"的记载,这应该也是"地中"说的渊源,再联系《周髀算经》的说法,看来古人所谓"地中"、"中国"观念既扎根于传统,又不失其科学依据。

"中"之意义变化源自殷周两代不同的世界观。商人的世界是一个永恒的空间世界，世界的价值关系、等级秩序都体现在"中"与四方的空间关系之中。而周人相信"天命靡常"，他们的世界是一个时间性的存在形式，一个无始无终的循环，这种思想的体系性的表现就是《周易》。殷周之际这种"中"观念的变化背后其实代表了一场文化的革命，用蒂利希的理论来说，就是"空间和时间的搏斗"[72]。在蒂利希看来，空间化的宗教既是非道德的，也是悲剧性的，它不可能打破存在和毁灭之间的时间循环，从而走向新的东西。所以，神秘主义必然成为体现空间优势的最巧妙形式，也是否定历史的最巧妙的形式，就此种意义而言，时间和空间的战斗在中国思想史上依然还要继续，至少儒道之争在一定程度上也可以理解为时空之争在哲学领域的继续[73]。蒂利希对时间相对于空间的优越性的强调，显见地受到犹太—基督教目的论历史观的影响，这也是一切欧洲中心论者的通病，这已超出本书讨论的范围。不过有一点需要说明的是，在中国古代思想史上，时间从来就不曾获得过压倒优势，就如殷周革命也是以一个"地中"概念的妥协而告终一样，儒道两家也最终携手走上"终极转换"的神秘主义道路。就此而言，能一直坚守"终生之忧"的孔子倒确实是一个中国文化中的异数。

注：

1 张光直：《从商周青铜器谈文明与国家的起源》，收入张光直《中国青铜时代》，生活·读书·新知三联书店，1999年。

2 张光直：《商代的巫与巫术》，收入张光直《中国青铜时代》。

3 李零：《先秦两汉文字史料中的"巫"》，《中国方术续考》，东方出版社，2000年。

4（日）小松和彦：《灵魂附体型萨满教的危机——关于萨满教研究的现状与未来的探讨》，《世界民族》，2002年第六期。

5 陈来：《古代宗教与伦理——儒家思想的起源》，41页，生活·读书·新知三联书店，1996年。

6 饶宗颐：《历史家对萨满主义应重新作反思与检讨——"巫"的新认识》，王元化主编：《释中国》卷三，上海文艺出版社，1998年。

7 张光直：《从商周青铜器谈文明与国家的起源》，《中国青铜时代》。类似的观点还散见于他的《夏商周三代都制与三代文化异同》、《中国古代艺术与政治》以及《美术、神话与祭祀》等论著中。

8 陈梦家《商代的神话与巫术》一文的主要论点，也多为后世论上古"巫教"者引用。收入《中国神话学文论选萃》，中国广播电视出版社，1994年。

9 饶宗颐：《历史家对萨满主义应重新作反思与检讨——"巫"的新认识》，收入王元化主编《释中国》卷三，上海文艺出版社，1998年。

10 李零：《秦汉礼仪中的宗教》，《中国方术续考》，东方出版社，2000年。

11 胡厚宣、胡振宇：《殷商史》，450页、516页，上海人民出版社，2003年。

12 对这种唯一宗教观的批评,参见张祥龙:《东西方神性观比较——对于方法上的唯一宗教观的批判》,《从现象学到孔夫子》,商务印书馆,2001年。

13 董作宾:《大龟四版考释》、《甲骨文断代研究例》,收入刘梦溪主编《中国现代学术经典——董作宾卷》,河北教育出版社,1996年。

14 董作宾:《为书道全集详论卜辞时期之区分》,收入《中国现代学术经典——董作宾卷》。

15 关于宗教和巫术的区别理论,参看弗雷泽《金枝》75—80页的有关论述(弗雷泽:《金枝》,大众文艺出版社,1998年),对弗雷泽理论的各种批评意见,参见埃文斯—普里查德《原始宗教理论》33—37页的有关内容(埃文斯—普里查德:《原始宗教理论》.商务印书馆,2001年)。

16 涂尔干:《宗教生活的基本形式》,49—53页,上海人民出版社,1999年。

17 米沙·季捷夫:《研究巫术和宗教的一种新方法》,收入史宗主编《20世纪西方宗教人类学文选》(下卷),上海三联书店,1995年。

18 转引自张光直《商文明》,192页,辽宁教育出版社,2002年。

19 李学勤主编:《中国古代文明与国家形成研究》,第一章"中国文明的起源与国家形成研究",云南人民出版社,1997年。

20 张光直:《从商周青铜器谈文明与国家的起源》,收入《中国青铜时代》。

21 恩格斯:《家庭、私有制和国家的起源》,人民出版社,1954年。

22 王国维:《殷周制度考》,《观堂集林》(上),河北教育出版社,2000年。

23 胡厚宣:《殷代封建制度考》,收入《甲骨学商史论丛初集》(上),河北教育出版社,2002年。

24 胡厚宣:《殷代婚姻家族宗法生育制度考》,收入《甲骨学商史论丛初集》(上)。

25 裘锡圭:《关于商代的宗族组织与贵族和平民两个阶级的初步研究》,《古代文史研究新探》,江苏古籍出版社,1992年。

26 徐中舒:《先秦史论稿》,66—69页,巴蜀书社,1992年。

27 参见裘锡圭:《关于商代的宗族组织与贵族和平民两个阶级的初步研究》,以及林沄:《从武丁时代的几种子卜辞试论商代家族形态》,《古文字研究》第一辑,中华书局,1979年。

28 张光直:《商文明》,200—201页。

29 参见杨升南:《卜辞中所见诸侯对商王室的臣属关系》,胡厚宣主编:《甲骨文与殷商史》第一辑,上海古籍出版社,1983年。

30 陈恩林:《商代军事组织论略》,《全国商史学术讨论会论文集》,《殷都学刊》增刊,1985年。

31 裘锡圭:《甲骨卜辞中所见的"田"、"牧"、"卫"等职官的研究》,《古代文史研究新探》。

32 朱凤瀚:《论商人诸宗族与商王朝的关系》,收入《全国商史学术讨论会论文集》。

33 伊藤道治:《中国古代王朝的形成——以出土资料为主的殷周史研究》,40—42 页。

34 李学勤主编:《中国古代文明与国家形成研究》,242 页,云南人民出版社,19。

35 丁山:《商周史料考证》,"武丁的武功"节,中华书局,1988 年。

36 参见肖良琼:《商代的都邑邦鄙》,收入《全国商史学术讨论会论文集》。

37 董作宾:《中国古代文化的认识》,收入《中国现代学术经典——董作宾卷》。

38 参见胡厚宣《论"余一人"》和《重论"余一人"》(收入王元化主编《释中国》卷三,上海文艺出版社,1998 年)及其《殷商史》90—98 页)。

39 王宇信:《周原甲骨探论》,239 页,中国社会科学出版社,1984 年。

40 许倬云:《西周史》,104—110 页,生活·读书·新知三联书店,2001 年。

41 晁福林:《夏商西周的社会变迁》,313 页,北京师范大学出版社,1996 年。

42 董作宾:《甲骨文断代研究例》,收入《中国现代学术经典——董作宾卷》。

43 晁福林:《试论殷代的王权与神权》,《社会科学战线》,1984 年四期。

44 马克斯·韦伯:《儒教与道教》,280—281 页,商务印书馆,2003 年。

45 许倬云:《神祇与祖灵》,《许倬云自选集》,上海教育出版社,2002 年。

46 张光直:《从夏商周三代考古论三代关系与中国古代国家的形成》,《中国青铜时代》,生活·读书·新知三联书店,1999 年。

47 苏秉琦:《中国文化起源新探》,102—106 页,生活·读书·新知三联书店,1999 年。

48 胡厚宣:《殷人疾病考》,《甲骨学商史论丛初集》(上),河北教育出版社,2002 年。

49 参看伊藤道治:《中国古代王朝的形成——以出土资料为主的殷周史研究》,第一部第一章,中华书局,2002 年。

50 刘翔:《中国传统价值观诠释学》,183 页,上海三联书店,1996 年。

51 佐藤道治:《中国古代王朝的形成——以出土资料为主的殷周史研究》,22—23 页。

52 莫里斯·E·奥普勒:《对美国两个印第安部落居民矛盾心理的解释》,收入史宗主编《20 世纪西方宗教人类学文选》(下卷),上海三联书店,1995 年。

53 王国维:《王国维学术随笔》,《东山杂记》"祖与帝"条,中国社会科学文献出版社,2000 年。

54 刘正:《金文氏族研究——殷周时代社会、历史和礼制视野中的氏族问题》,北京:中华书局,2002 年。

55 郭沫若:《先秦天道观的进展》,收入郭沫若《中国古代社会研究(外二种)》,河北教育出版社,2000 年。

56 张光直:《商周神话之分类》,《中国青铜时代》。

57 阿诺德·汤因比:《一个历史学家的宗教观》,39 页,四川人民出版社,

1990 年。

58 参见阿诺德·汤因比《一个历史学家的宗教观》第三章、第四章有关内容。

59 参见阿诺德·汤因比《一个历史学家的宗教观》第三章、第四章有关内容。

60 参见苏国勋《理性化及其限制——韦伯思想引论》163——164 页的有关论述（苏国勋：《理性化及其限制——韦伯思想引论》，上海人民出版社，1988 年）。

61 保罗·蒂里希：《文化神学》，10—36 页，工人出版社，1988 年。

62 保罗·蒂里希：《文化神学》，38—39 页。

63 饶宗颐：《卜辞中商义》，收入《固庵文录》，辽宁教育出版社，2000 年。

64 参见米尔恰·伊里亚德：《神圣与世俗》，第一章"神圣空间与世界的神秘化"，华夏出版社，2002 年。

65 参见王玉哲：《中华远古史》，337 页，上海人民出版社，2000 年。

66 张光直：《商文明》，207 页。

67 伊藤道治：《中国古代王朝的形成——以出土资料为主的殷周史研究》，44、45 页。

68 高鸿缙《金文诂林》的说法，转引自艾兰《早期中国历史、思想与文化》，102—103 页，辽宁教育出版社，1999 年。

69 爱弥尔·涂尔干、马塞尔·莫斯《原始分类》，上海人民出版社，2000 年。涂尔干在《宗教生活的基本形式》也有类似的说明（涂尔干：《宗教生活的基本形式》，12 页，上海人民出版社，1999 年）。

70 参看许倬云《西周史（增补本）》的相关论述，许倬云：《西周史（增补本）》，100—111 页，生活·读书·新知三联书店，2001 年。

71 陈来《古代宗教与伦理》，168 页，生活·读书·新知三联书店，1996 年。

72 保罗·蒂利希：《文化神学》，36—49 页。

73 关于道家思想的空间化倾向，可以参看山田庆尔的《空间·分类·范畴》一文。收入（日）山田庆尔：《古代东亚哲学与科技文化——山田庆尔论文集》，辽宁教育出版社，1996 年。

第二章 神圣世界的世俗化

——对"一个世界"的知识确认

第一节 "史官"文化的由来及其分化

对上古三代文化的理解,除那种作为西学东渐之后学术现代化成果的"巫教"说之外,历史上还有另一种所谓"史官文化"的传统说法。章学诚在《文史通义·易教上》中提出的"六经皆史"的观点就曾得到广泛的呼应和赞同,龚自珍认为"九流百家都以史学为本",而刘师培则走得更远,在他看来,不仅六艺,即便后来的九流百家、数术方技等等,无不出于史官文化[1]。这一传统观念在当代也不乏同情者,徐复观就认为"史是中国古代文化的摇篮,是古代文化由宗教走向人文的一道桥梁,一条道路。……欲为中国学术探源索本,应当说中国一切学问皆出于史"[2]。"史官文化"说显然属于《汉书·艺文志》"诸子出于王官"说的落实,应该承认,这种观点注意到了上古文化理性化、人文化的总体走向,比起西学东渐的"巫教"说更为合理,但其缺陷也和"王官"说一样显黠。泛泛而论"诸子出于王官"并无多少意义,而把"某学"机械地对应于"某官"却又显得过于死板,"史官"说看到了"王官"说的这一弊端,却又不小心落入了另一个陷阱,简言之,那就是"王官"一说其失在过于空泛,而"史官"说却又显得过于拘谨和狭隘。究其原因,还在于持"史官"说者对上古"史官"一职的理解有误。

对于"史"字本义,江永《周礼疑义举要》、吴大澂《说文古籀补》和王国维《观堂集林·释史》都有论述,或者说"史"字像"手持簿书",或者说"史"字本为"持简之形",大体都是拘泥于《说文》"史,记事者也"的传统说法。对此很多学者都曾提出了不同的意见,有人认为,"以'史'字始义为掌记事的史官,很明显是讲不通的。……从文字开始创造进而用它记载历史,再进而设置专官职掌历史记载,一定要经过相当长的时间。如'史'字的本义是记事的史官,则'史'字的创造应为时相当晚。但'史'字甲骨文就已有了,'史'字也不见得就是殷墟时代才创造的,它的出现也许还要早一些。在中国文字开始创造还不久的时候,历史就已成为重要的事而需要设置专官掌管,这在事理上是很难讲得过去的"。这一质疑还是相当有力的,他最后的结论是:"'史'字原就是'事'字,史官实是'庶事之官',而历史记载由太史掌管,是由于太史本就掌管祭祀。宗庙祭祀,必须明确世系位次,这正属于太史的职责范围。于是世系记载后来有所衍变,发展成为《世本》一类的历史记载,历史记载也就由太史掌管。"[3] 多有人持类似的见解:"最早的文化知识可能是原始宗教知识,而史官是中国上古时代最早的文化人,是职掌原始宗教的职事官员。中国史官从它诞生的开始阶段就履行天文数术和祭祀之类的天官职责,并从天官职能中派生出记言记事的职能,即使是在记载职能产生之后,史官的职能仍以天文数术等宗教事务为主,这种情况直到司马迁时代尚未改变。"[4] 由此观照传统的"史官文化"说,其不足在于:其一是强调"史官文化"对"巫文化"突破的同时,却忽视了两者之间在知识上的继承关系,也就是以后世"记事之官"的狭义史官观念去悬测早期史官的职守,没有注意到一个包括"宗、祝、卜、史"等内容的广义的"史官集团"的存在①;其二则是忽视了"史官集团"和从史官中分离出来的"文官集团"之间此消彼长的紧张关系,也就是把所谓"史官文化"看作铁板一块,没有注意到"史官系统"在所谓"地官集团"以及"地官意识"②的压力下其地位、职守、知识范围以及思想倾向一直都处于一个变动不居的变化过程中。

史官的原始职能主要是以祭祀为中心的,其记事职能也是由此发展而来,这已是当代学界的主流看法③。史官、史职在殷商之前的内容,从文献中已无从稽考,但由殷墟卜辞可以看出,殷商已有多种史官类官职,如尹、多尹(其中又分为师保之尹和册命之尹)、乍册、卜、多卜、多工、史、北史、卿史等等。殷人"有典有册"已是公认

---

① 古文献中"巫"和"宗祝卜史"连用以及"宗祝卜史"内部之间连用的例子极为常见,如"巫祝"、"巫卜"、"史巫"、"史祝"、"祝史"等等,"宗"和"祝"往往连言,或称"宗祝",或称"祝宗"。有人作过统计,最常见的是"巫祝"(或"祝巫"),其次是"巫史"(或"史巫"),又其次是"巫卜",但"巫宗"则未见,盖"祝"的概念已包含"宗"在内(李零:《先秦两汉文字史料中的"巫"》(下),收入李零《中国方术续考》,东方出版社,2000年)。这就足以说明:第一,当时人们还是把"王官"身份的史官和古"巫"同等看待的;第二,当时人们都把他们看作同一个"神职人员"集团的。所以在他们之间既没有彻底区分的可能,也没有细加区别的必要。

② 把"史官"集团理解为一个相对于"地官"集团(即行政官僚系统,也就是金文以及传世文献提到的"卿事寮"机构)的相对封闭独立的"天官"集团,这一说法始自于李零,参看李零《西周金文中的职官制度》一文(收入《李零自选集》,广西师范大学出版社,1998年),以及李零《中国方术考(修订本)》一书的绪论"数术方技与古代思想的再认识"(李零:《中国方术考(修订本)》,东方出版社,2001年)。这一区分是有其历史依据的,比如张亚初、刘雨对西周金文中所见官制的研究证实西周确实存在了"太史寮"和"卿事寮"两大相互独立的官僚系统(参看张亚初、刘雨《西周金文官制研究》,中华书局,1986年)。陈来在其《古代思想文化的世界》一书中也沿袭了这一用法,据他的说明,所谓"地官"意识是基于《周礼》的用法,指的是世俗政治理性和道德理性,而"天官"意识则近于《史记·天官书》的用法,指的是神灵以祭祀为核心的宗教意识,他在此基础上把春秋以来的思想发展概括为地官意识与天官意识相抗衡、并逐渐压倒天官思维的历史过程。陈来进而说明,所以借用"天官"、"地官"这样的传统概念是"希望以一些中国固有的观念呈现春秋时代的思想分歧"(陈来:《古代思想文化的世界——春秋时代的宗教、伦理与社会思想》,13页,生活·读书·新知三联书店,2002年)。本书沿用这些传统说法主要出于从知识社会学的角度去把握这段思想史走向的目的,换言之,本书认为春秋战国的思想史过程和这两大文化集团之间的紧张关系存在着密切的因果联系。

③ 除了以"史"为"记事之官"的传统观点外,胡厚宣曾经提出过"殷代史为武官说"的看法,至今依然坚持这一观点(参见胡厚宣:《殷代的史为武官说》,《全国商史学术讨论会论文集》,《殷都学刊》增刊;以及胡厚宣、胡振宇:《殷商史》,105—115页,上海人民出版社,2003年)。不过李零和李学勤对此都有质疑,从金文中可以发现古代的"史"确有参加战争的事实,不过这并不能证明这些"史"就是武官,李学勤在撰写论及史密簋时提出,史官参加战争并不奇怪,因为他们"在战争中要用式盘这种数术用具以推断军队的行止"。《周礼·春官·大史》也说每逢出征,大史也要抱式随行,由此看来史官的职能主要还是宗教性的(转引自李零:《西周金文中的职官系统》,收入《李零自选集》)。

的事实,不过这些"典"和"册"并非文书档案,而是和祭祀有关的官文书。据于省吾对甲骨文"工典"的考证:"其言工(贡)典,是就祭祀时贡献其典册,以致祝告之词也",他释"工"为"贡",释"典"为"册",则"工典"应为祭祀礼仪的一种[5]。郭沫若在《殷契粹编附考释》中提出"祝与册有别,祝以辞告,册以策告。《尚书·洛诰》'作册逸祝册',乃兼用二者,旧解失之"。徐复观认为,册是盛简策之器,同时指的是简策,其用途有二:第一,是把告神的话录在简策上以便保存。其次,是王者重要活动的记录。古代王者的重要活动,亦皆与神有关,故次义亦来自第一义。记录的文字谓之册,主管记录之人亦谓之册,所以册与祝,又皆为官名[6]。周初太史寮中"作册"一官的职守也是如此,金文所见的"作册"参与的典礼,诸如作器、舍命、用牲、觐见、建庙、祭祀等各项,都与宗教礼仪相关[7]。史所写的简策首先是事神的,在周初作"册"。金文中有奉册之形,有"守册"之文,由此可知册的神圣性。其次是王者诏诰臣下的,在周代称为"册命"。祭神的"册",王者诏诰臣下的"册命",是史在西周时代的两大基本职务。严格说来,作为"记事之官"的狭义史官迟至西周中期才开始出现,殷商及西周初年的史官都应理解为以祭祀礼仪为中心的宗教祭司类官员,他们共同构成了一个上古国家机构中的神务系统,也就是习称的所谓"天官"系统。《国语·楚语下》"绝地天通"的传说暗示了早期国家诞生和原始宗教"国有化"过程的重合,而李零则从中读出了原始职官起源的端倪。他认为,"绝地天通"应该理解为职官系统中"天官"和"地官"的分离,即史官文化首先产生于巫文化,由巫、觋产生"祝"、"宗",并由史官派生出"天地神民类物之官",即五官,造成"民神异业",前者管天/神,后者管地/民[8]。史由巫出,而后来的国家行政系统又是从政教不分的混沌状态中独立出来的,这应该是把握古代国家官制演化和思想发展的重要线索。"祝宗卜史"这几种人物在古代典籍中每每相兼互通,这就足以说明当时人们是把他们都视作同一个"神职人员"集团,所以没有从语言上加以区别的必要,孙诒让《周礼正义》称:"凡祝官亦通称祝史。……卜筮之官亦称史,以兆卦亦有籀词故也。"此外,王国维认为,巫、筮、史、事、吏、士原本相通,殷周间的诸多官名,如卿史、卿士、卿事,都由"史"字衍演而来[9]。这就足以说明所谓"地官"和"天官"之间也存在源流关系,但地官一旦从原来的天官系统中独立出来,马上就对天官构成了巨大的压力,后来史官集团的职能分化与此有着莫大的关系。

把原始宗教"国有化"的结果就是巫术从业人员的"王官化",不但有关宗教礼仪的神事和关乎土地人民的人事分为两大系统,就是人事和神事本身也有了不同的分工形式,地官系统中出现了诸如"司土"、"司马"、"司工"和"司寇"这样的不同职官,原来的"巫觋"则经由内部的专业化分工而转化为王官体系内部的"祝宗卜史"等天官,没有被纳入王官系统的则沦为"俗巫",即民间的巫婆神汉之流。自西周开始,卜宗祝史等史官职守及其知识范围已有比较明确的分工:"祝"管祭祀,"宗"管世系,"卜"管占卜,"史"管文字记录。前引《国语·楚语下》记载,当时对于"祝官"的要求是"使制神之处、位、次、主,而为之牲、器、时服,……能知山川之号,高祖之主,宗庙之事,昭穆之世"等等,"宗官"则需要"知四时之生,牺牲之物,玉帛之类,采服之宜,彝器之量,次主之度,屏摄之位,坛场之所,上下之神祇,氏姓之所出"等等。由此看来,史官集团内部的分工相当细致明确,不过更重要的是,随着原始巫术的"国家宗教"化,商周史官也随之转变为祭祀文化体系中的祭司集团,其存在的价值不在于通灵的能力,而在于他们对祭祀礼仪的知识占有和垄断。不过随着西周理性化"解魅"的深入,祭祀活动和礼乐制度所承载的神学意味日渐削弱,"史官"集团所独有的神秘知识也开始贬值,其后史官集团的思想分化也与此息息相关。和"绝地天通"传说内容相一致的,从西周传世文献和出土铭文都可以发现,西周的中央政权一直存在着太史寮和卿事寮两大机构共同执政的现象。《礼记·曲礼下》里面渗入一则西周初年职官制度的原始记录:"天子建天官,先六大,典司六典。天子之五官,典司五众;天子之六府,典司六职;天子之六工,典制六材"。据郭沫若和顾颉刚的考证,这属于周初官制的可靠记载[10]。两相印证,大致可以认定"天官六大"相当于"太史寮",而"五官"、"六府"和"六工"则相当于"卿事寮"。《史记·太史公自序》有"既掌天官,不治民"的说法,由此可以看出早期国家的大致分工:"太史寮"职掌祭祀、礼仪、占卜以及宣达王命、观象授历和典守文书档案等工作,其他具体的行政事务则由"卿事寮"负责处理。殷墟甲骨文中已有"太史寮"出现的记录,按照陈梦家的说法,"卜辞中卜、史、祝三者权分尚混合。卜史预测风雨休咎,又为王占梦,其事皆巫事而皆掌于史"[11],不过其基本倾向已经清楚,即"史、卿史、御史似皆主祭祀之事"[12]。据信在殷代后期,政务系统有从政教不分的状态中分离出来的迹象,殷卜辞中偶见有"卿史"一词,郭沫若和罗振玉都释为"卿士",此外《尚书·洪范》也数次提及"卿士",所以有人认为:"卿事、太史二寮,均起于殷代"[13]。由《尚书·酒诰》来看:"汝劼毖殷献臣:侯、甸、男、卫,矧太史友、内史友,越献臣百宗工……","太史友"和"内史友"位于"百宗工"之前,足见"太史寮"官员地位的优越。到了西周初年,周、召二公各主一寮,司理朝政,直接对周王负责,太史寮和卿事寮还有分庭抗礼之势①。但是张亚初、刘雨发现,终西周之世太史寮呈一种每况愈下的颓势:"西周早期虽有卿事与太史两寮,然周公所主之卿事寮由于周初征战不已,军事行政事务繁多,显然比召公所主的太史寮更重要些。到西周中晚期,特别是晚期,太史寮地位更加下降。巫史卜祝的地位每况愈下,正是社会生活进入更加文明阶段的标志"[14]。

由上古到殷商和西周的文明史过程,陈来称之为由巫觋文化到祭祀文化以及礼乐文化的"包容连续性"的维新过程[15]。自西周初年以降,祭祀礼仪一直都是周代礼乐制度的重要组成部分,只是和殷商时期相比较,周礼对祭祀形式中道德伦理意味的强调远远超出了宗教信仰的层面。周礼是三代以来原始宗教仪式的集大成

---

① 周初史官地位颇高,《礼记·曲礼下》将太史一职列在"天官六大",郭沫若以此和《书·顾命》以及"小盂鼎"的记载相互参照,判断大史应在"三左"(郭沫若《〈周官〉质疑》,收入《郭沫若全集(第五卷)》,科学出版社,2002年)。据杨善群的说法,此时大史职在"公"位,与太师、太保同为"三公"(杨善群《西周公卿职位考》,收入《中华文史论丛》,上海古籍出版社,1989年第二期)。而周公长子伯禽曾经担任大祝一职,想来当时太史寮的地位不至于太低。

者,周人经过斟酌损益又为之注入了道德伦理的意义,《礼记·郊特牲》说:"礼之所尊,尊其义也。失其义,陈其数,祝史之事也。故其数可陈也,其义难知也。"这种"义"的内容不外乎"德"、"敬"、"诚"、"信"、"仁"、"孝"等等,都是对个人伦理行为的规范,用王国维的话说,"周之制度、典礼,乃道德之器械"[16]。孔子也说过:"礼,与其奢也,宁俭;与其易也,宁戚。"(《论语·八佾》)所以就礼乐制度对个人的规范作用而言,周礼有趋于繁琐的一面,但就作为国家制度的集体礼仪来说却反而有返朴归真的一面。和殷商时期几乎无日不祭的"周祭"制度相比,周人祭祀活动有所节制。殷人祭法,所有先王先公先姚,皆在同时祭祀之列。至周则除三年一祫,五年一禘之外,其经常所祭者,盖在四庙与七庙之间;亲尽则庙毁,庙毁则不常祭,此即周礼所谓亲亲之义[17]。周人合祭先祖也没有殷制那么频繁,周宗庙有祧法,高祖以上入始祖庙列于合祭,而不复有特祭,更没有殷代先姚特祭和祭兄的做法[18]。此外,周人宗法"五世则迁"的规定,以及当时诸如"新鬼大,故鬼小"的观念,都意味着周人"慎重追远"的祭祀活动是有时间限度的。周礼对于祭祀还有很多限制,《礼记·曲礼下》规定:"凡祭,有其废之,莫敢举也,……非其所祭而祭之,名曰淫祀。淫祀无福。"另外,周礼祭祀还有返朴归真的一面,《国语·楚语下》记载:"郊禘不过茧粟,烝尝不过把握,……夫神,以精明临民者也,故求备物,不求丰大。"较之于《楚辞·招魂》所描述的祭祀物品的丰盛,再联系到楚文化和殷商的关系,也可以看出周礼对于殷商祭祀传统斟酌损益的倾向所在。

在这个过程中,史官集团在国家政治生活中的地位和影响也是日渐减弱,维持一个庞大的"天官"系统已经没有多少现实的必要。与此相应的,是西周国家已经开始出现较为明显的中央集权的政治倾向[①],这就需要一个庞大的官僚机构来行使

---

① 如上节所述,殷商国家是以商邑为中心,由具有共同祖先信仰的殷系各氏族通过共同的祖先信仰以及其他形式相互结合所构成的松散的联合体。此外,在殷商王国周围还散布着众多的异姓部族和方国,它们在整个殷商时期往往随着殷商王朝国力的盛衰而叛服无常。佐藤道治认为,在殷商时期氏族制已经崩溃,而取代它的建立在严格的等级秩序基础之上的宗法制社会尚未确立,"殷王室的王子、兄弟及各个统治集团的复数性,正是殷王室的脆弱性的表现"(伊藤道治《中国古代王朝的形成——以出土资料为主的殷周史研究》,92 页,中华书局,2002年)。而消除这种脆弱性,确保王权对整个国家的绝对控制,正是西周时期一系列制度建设的出发点。这种新的国家形态最重要的特征就是中央权力的加强和集中,也就是王国维所说的"天子之尊,非复诸侯之长而为诸侯之君"(王国维:《殷周制度考》,收入《观堂集林》,河北教育出版社,2001 年)。西周建立之初,周的势力急速东移,殷商王朝原有的组织机构已经不能满足周初军事上的要求,对原有组织形式的变更就显得十分必要,而这种新的制度建设首先体现为对旧的军事制度的改造。白川静注意到,在周初的殷系彝器铭文中,关于调遣殷系氏族经营东方和征服东南夷、荆的记载甚多。利用殷系诸侯的部队去征伐殷系诸侯和东南夷,并在此过程中完成对殷商王国原有军事力量的消耗和改造,是周初对殷政策的主要方面,其最重要的变化就是将殷商王朝的军事力量由原来的氏族集团改造为国家常备军。在此过程中,殷系的军队被改编为"扬六师"和"殷八师",并改由周人师氏统率(白川静:《周初殷人之活动》,收入《日本学者论中国史论著选译·上古秦汉卷》,中华书局,1193 年)。这一制度改革的效果非常明显,根据伊藤道治对有关金文材料的研究,周王对军队的影响和控制甚至达到了中级军官一级(同上)。在这个过程中,西周中央政府的机构设置及其职能也产生了与之相适应的变化,顾立雅根据有关金文资料得出的结论是,西周政府已经是一个具有相当严密组织和相对集权控制的政府,并认为周初已经产生了官僚制度的雏形,其理由是西周政府已习惯于使用和保存文书档案,并有一大批管理文书档案的专职官员,因此他非常肯定地把中国国家管理制度的起源定在西周时期(转引自阎步克《乐师、史官文化传承之异同及意义》,收入阎步克:《乐师与史官——传统政治文化与政治制度论集》,生活·读书·新知三联书店,2001 年)。

国家权力,也表现在中央官僚机构的日益膨胀,据张亚初等人的统计,"西周早期有五十种职官专称和十一种职官泛称,到西周中期,职官名发展到七十九种,职官泛称增加到十三种。到西周晚期,职官名增加到八十四种,比西周中期又增多了十一种。西周晚期与西周早期相比,职官名增加了近一倍,职官名称的递增的趋势是明显的、惊人的"[19]。郑玄认为,殷周政治制度的区别就在于是"内宗庙,外朝廷"和"内朝廷,外宗庙"的区别,也就是以神务系统还是以政务系统为主导的区别。随祭祀礼仪的简化和日常行政事务的日渐繁复,部分史官开始从具有神秘意味的"天官"系统中脱离出来,一部分原属"天官"系统的史官开始转变为行政系统的行政官员①。除了某些史官直接转化为行政官僚之外,其他史官也都程度不等地淡化了原有宗教祭司的神秘色彩,某些史官甚至因其管理文书档案的传统从而获得了作为政务系统的附属机构的行政职能。马克斯·韦伯指出,严格遵循法律法规和充分利用文书档案,构成官僚体制的基本性格[20],这也就是《周礼·天官》明确要求"史官"必须"掌官书以赞治"说法的由来。史官"赞治"的职能也还是从它原有的典守文书材料的职守发展而来,只是和前述殷商时期的"工典"及周初"作册"相比,它的宗教气息已经大大削弱,绝大多数的史官开始演化为专门职掌官方文书档案的文官。《礼记·曲礼》注曾提及"官"与"朝"的区别是:"官谓板图文书之处,府谓宝藏货贿之处也,库谓车马兵甲之处也,朝谓君臣谋政事之处也"。"官"既为庋藏文书之处,则司政令者不居官,居官者不司政令[21],依然沿袭了"既掌天官,不治民"的官制传统,而后来所谓"学在官府"以及"诸子出于王官"的说法也应该由此来理解。

史官"赞治"的新途径大致有两种,一是对历史中的道德意义和历史教训的总结,二是为当时的"法"治提供经典性的依据。据陈梦家的研究,成康以后,原来作为"天官"的"作册"一职有和作为周王内务官的"内史"合流的趋势。一方面代宣王命,渐有趋于行政外务的职能;另一方面,从宗教中解脱出来,成为专门的"记事之官"[22]。早在《春秋》出现之前就已经存在诸多"史记",据信出自孔安国的《尚书序》说孔子"约史记而修春秋",杜预《春秋经传集解》:"春秋者,鲁史记之名也。"《史记·周本纪》张守节《正义》认为,"诸侯皆有史以记事,故曰'史记'"。据《史记·秦本纪》记载,秦文公"十三年,初有史以记事,民多化者",就更属对史官教化作用的夸张了。李学勤认为:"古代史官所记述的史有没有褒贬惩劝的意义,多年来是一个争论的问题。现在史惠鼎表明,西周晚期史官已以教善为己任,更使人们认识到孔子笔削《春秋》有其久远的渊源。"[23]史官凭借自身对古代典籍的熟悉为当时的

---

① 比如李零就由西周末年的史颂鼎发现"史颂"其人的工作变成了掌管"成周贾"和监督"新造贾",也就是负责商业管理之类的事(李零:《西周金文中的职官系统》,《李零自选集》),而白川静也由史免簋发现,这位"史免"曾有过多种职务,他担任司土,管理林野牧场,也曾任司工的工作(转引自许倬云《西周史》224页)。这些或许都只是偶然现象,但某些史职完全转型也非罕见,比如在战国时代内史已不复"掌书王命",其职多与财政有关,而御史兼职记注,不久已成为监察性质的职官(参看阎步克《史官主书主法之责与官僚政治之演生》一文)。史官的监察职能出现或许更早,《国语·周语上》已有厉王"得卫巫,使监谤者"的记载,《周礼·秋官·大行人》也以部分"瞽史"属秋官司寇类官员,"属瞽史,谕书名,听声音",章太炎《官制索隐》认为"置御史,既掌刺探,亦兼记录,且其人又必明习文字者也,故'属瞽史,谕书名'"。

"法"治提供合法性依据的做法也是一种新的文化现象,《周礼·春官》:"大史掌建邦之六典,以逆邦国之治,掌法以逆官府之治,掌则以逆都鄙之治。凡辨法者考焉,不信者刑之。"据阎步克的研究,太史和司寇共同参与了刑狱,其中司法主要由司寇负责,太史则提供法典以为司法依据[24]。随着西周国家官僚化与法治化建设的逐步完善,国家政治的重心自然也开始由天上转向人间,正如祭祀的目的也从祖先崇拜蜕变为"明名鬼神,以为黔首则"(《礼记·祭义》)的政治策略一样,"礼"作为原始宗教仪式的神圣色彩也大为削弱,沦为国家暴力的迷彩,无论是前期权力祭司所谓"杀人之中,又有礼焉"(《礼记·檀弓上》)的狰狞,还是后期所谓"春秋决狱"的美谈,都无改"礼、乐、刑、政,其极一也"(《礼记·乐记》)的历史现实[25]。这时候宗教、文化和行政职能分配与"分官设职"架构的转型加快,各种称"史"之官地位沉浮不一。春秋以来,宗祝卜史的地位一起下降,据《周礼·春官·宗伯》,大史甚至由原来的"公"位降到了"下大夫",但从另一角度看,主书主法的"史官"在国务中发挥的作用及其政治地位,却是越来越大了。比如秦国在商鞅变法之后其法治程度高居列国之首,主书主法的史官地位也较他国为高,秦国"内史"其主法以及会计之责与晚周一脉相传,但曾一度居于"副丞相"的地位,汉代"御史大夫"一职也不多让。在这个千古未有的历史大变局中,原始史官集团的分化自不可避免,与时俱进者自然如鱼得水,但那些抱残守缺者也无法置身其外,他们同样面临着选择。

第二节　史官文化的数术化倾向

就"气"和"道"这两个中国思想史和中国美学史上至关重要的概念来说,它们的突然出现至今依然是个不解之谜。日本学者户川芳郎指出,"尽管大家都期待在这些发掘资料和古代经典(指的是殷墟卜辞、金文以及《诗经》以及《尚书》的一部分——引者注)之中探求历史变迁的远古真相,但关于'气',似乎和春秋以后在文化特性上有着很大的断层,未见有'气息'、'大气'的文字。后来写作'气'的字,是乞取以及讫终、迄至的意义,'气'字须待到战国初期的青铜器上才出现"[①]。史华兹也曾感受到同样的困惑,他发现自公元前三世纪开始,中国思想史中突然出现了一种前所未有的"关联宇宙论"思维模式,其影响在西汉时期达到了极致,并在此后中国"自然哲学"的发展中留下了永久的印记。他觉得奇怪的是,这一思维模式在所有的传世文献中未见有任何的记载,事先也无任何征兆可言[26]。从人类学的角度

---

① 户川芳郎:《气的思想》"总论"部分,(日)小野泽精一等主编:《气的思想》,上海人民出版社,1990年。据于省吾先生考释,甲骨文中已有"气"字,"气"字其义有三:(一)乞求;(二)迄至;(三)终止(于省吾:《甲骨文字释林》,79页,中华书局,1979年),其中根本不见有任何后来"气"观念的迹象。作为生命之气的"气"字则开始出现在金文中,所谓"行气玉一铭",按陈梦家的考证属于战国初期齐国器物,铭文读作"行气立则蓄,蓄则神"(陈梦家:《五行之起源》,转引自《气的思想》15—16页)。从现有文献看,更具抽象意味的阴阳之"气"最早见于《国语·周语》伯阳父的言论,即"夫天地之气,不失其序"云云。

来看,"气"观念和"关联思维"的出现决不是孤立的现象,中国传统的"气"和人类学称作"马那"的神秘观念极为相近,这一点已为很多国内学者所关注,而所谓"关联思维"在列维·施特劳斯看来更是寻常,他就把这种思维方式称作"具体性的科学",并视作所有原始思维活动的基本特征①。关于"气思想"在商周文化经典中的空白,比较合理的解释只能是作为占卜和祭祀的思想基础的原始观念在古巫的"王官"化过程中被有意识地遮蔽了,至少是在上层的精英文化中被压抑了。李零注意到所谓"王官之学"其实包括了两大部分,一类是以天文、历算和各种占卜为中心的数术之学,以医药养生为中心的方技之学,还有工艺学和农艺学的知识;另一类是以礼制法度和各种簿籍档案为中心的政治、经济和军事知识。春秋战国时期的诸子之学从知识背景上讲也可分为两大类,一类是以诗书礼乐等贵族教育为背景或围绕这一背景而争论的儒墨两家,另一类是以数术方技等实用知识为背景的阴阳、道两家以及从道家派生的法家和名家。秦汉以后的中国文化也分为两大系统,即儒家文化和道教文化。儒家文化不仅以保存和阐扬诗书礼乐为职任,还杂糅进刑名法术,与上层政治紧密结合;而道教文化是以数术方技之学为知识体系,阴阳家和道家为哲学表达,民间信仰为社会基础,结合三者而成,在民间有莫大的势力。故而他一再强调,"中国文化始终存在着两条基本线索,不可偏一而废。人们往往把中国文化理解为一种纯人文主义的文化。但近年来随着考古发现的增多,我们已日益感觉其片面。在我们看来,中国文化还存在另外一条线索,即以数术方技为代表,上承原始思维,下启阴阳家和道家,以及道家文化的线索"[27]。循此理路来检讨各趋极端的"巫教说"和"史官说"之得失,自能收"执两用中"的效果。

从理论上讲,原始史官肯定来自于古巫,但"巫"和"祝宗卜史"类王官相比,它的服务范围比较狭小,职能也缺乏分化(不但祭祀、占卜不分,数术和方技也不分),这必然会影响到它专业技能的进一步发展,在古巫的国家化、王官化的过程中,那些被排除在王官体系之外的巫师更是流落民间,甚至受到国家权力的打压。而"宗祝卜史"则属于王官,分工细致而覆盖面广,其条件、地位和影响自非俗巫所能及,所以李零认为,"宗祝卜史"一旦出现,"巫"的作用和地位必然下降。李零把先秦两汉文献材料中所有"巫术"记载归纳为十六种形式:(一)方向之祭;(二)乞雨止雨;(三)请风止风;(四)见神视鬼;(五)祈禳厌劾;(六)转移灾祸;(七)毒蛊;(八)巫蛊;(九)媚道;(十)星算;(十一)卜筮;(十二)占梦;(十三)相术;(十四)医术;(十五)祝由;(十六)房中。根据李零的研究,巫的主要职能(上述(一)至(九)项)都被"祝"所

---

① 所谓"马那",涂尔干的《宗教生活的基本形式》(涂尔干:《宗教生活的基本形式》,第六、七章,上海人民出版社,1999年)、马赛尔·莫斯的《社会学与人类学》(马赛尔·莫斯:《社会学与人类学》,76—86页,上海译文出版社,2003年)以及林惠祥《文化人类学》(参看林惠祥《文化人类学》第十六章"生气遍在主义",商务印书馆,1934年)都有介绍。关于"马那"和"气"概念的比较,可以参看裘锡圭《稷下道家精气说的研究》、《〈稷下道家精气说的研究〉补正》(收入裘锡圭《文史丛稿——上古思想、民俗与古文字学史》,上海远东出版社,1996年)以及王振复《巫术,周易的文化智慧》一书中的相关论述(王振复:《巫术,周易的文化智慧》,浙江古籍出版社,1990年)。关于"关联宇宙"、"关联思维"和施特劳斯"具体性科学"的比较研究,参看史华兹《古代中国的思想世界》364—365页的相关论述。

取代或附属于"祝",巫的其他职能,自从有了太卜、太史和掌守天文历算、医药养生之术的各种职官,有了擅长数术方技的"方士"之后,也几乎全为后者所取代。其保留节目只有"祝诅"、"祝由",特别是其中为法律明令禁止的"黑巫术"部分。李零最后的结论是,"'礼仪'和'方术'脱胎于巫术,但反过来又凌驾于'巫术'之上,限制压迫巫术,这是巫术的最后结局"[28]。李零进而提出:"官吏从民巫分化而来而凌驾其上是与文明俱来,但后者常在王朝衰落期重振(如汉末魏晋的道教运动),这是思想史上的大问题。"[29]所以,前引户川芳郎对"气"观念的思想史断层,以及史华兹对"关联宇宙论""突然发生"的疑惑,都应该从"史官"文化的发生、发展及其崩坏的历史过程中去寻求可能的答案。

　　"祛除巫魅"和"理性化"属于马克斯·韦伯宗教社会学思想的一大主题,而根据陈来的判断,西周礼乐文化与韦伯描绘的理性化的宗教特征完全相合。他认为,在西周思想中已可看到明显的理性化的进步。与殷人的一大不同特色是,周人的至上观念"天"是一个比较理性化了绝对存在,具有"伦理位格",是调控世界的"理性实在"。西周的礼乐文化创造的正是一种"有条理的生活方式",由此衍生的行为规范对人的世俗生活的控制既深入又面面俱到[30]。不过中国思想史的一个突出特点就是,在新的思想出现之后某些旧观念依然存在并和新思想同时发挥作用。在殷周革命中也同样出现了类似的情况,周人以一种道德化的"天命论"取代了殷商时期道德中性宗教观的同时,却又以殷商祭祀传统虔诚的继承者自居,他们甚至把殷王"昏弃厥祀"和"宗庙不享"(《尚书·泰誓》)作为周代殷命的合法性依据,这也正是学术界往往以"温和的突破"和"包容的连续性"命名这一思想史过程的原因①,也正是马克斯·韦伯对中国"宗教"不满意的地方。韦伯"理性化"宗教的标准之一就是宗教"祛魅"的程度,和韦伯眼中"彻底祛魅"的新教相比,他认为"儒教未能从积极的救世作用这一面来触及巫术,在时占师、地相占卜师、水占师和气候占卜师统治下的异端教义(道教)的魔园中,现代西方式的理性经济与技术受到了绝对的排斥,原因在于那种关于世界联系的夹生而又玄奥的宇宙一体论的观念"[31]。理性与科学是否只有西方式的唯一模式,这是个见仁见智的问题,本书以为,韦伯眼里"那种关于世界联系的夹生而又玄奥的宇宙一体论的观念"恰恰属于中国古代文化"祛魅"后的"科学"成果,当然这是后话了。

　　西周对殷商祭祀礼仪和技术的继承还体现在,周代的太史寮臣僚多属于来自

---

　　①　所谓"温和的突破"是帕森斯(T. Parsons)的说法,帕森斯主要针对儒家而言,但在余英时看来,其他各家的突破虽较儒家为激烈,但全面看来仍是相当温和的,这种温和主要源于各家都采取了"托古"的方式(参看余英时:《古代知识阶层的兴起与发展》,收入《士与中国文化》)。陈来认为:"虽然周代的文化总体上是属于'礼乐'文化,而与殷商的'祭祀文化'有所区别,但礼乐文化本来源自祭祀文化,而且正如殷商的祭祀文化将以往的巫觋文化包容为自己的一部分,周代的礼乐文化也是将以往的祭祀文化包容为自己的一部分。这种文化发展的方式我们称之为'包容连续性'"(陈来:《古代宗教与伦理——儒家思想的根源》,119页,生活·读书·新知三联书店,1996年)。

殷商的"留用"人员[①]，此外史官多为世职[②]，这一切都决定了史官集团的知识结构和思想观念的保守性与惰性。殷商时期的宗教观念和祭祀原则基本上是道德中性的[③]，鬼神赐福与否完全取决于他们和殷王的血缘关系的亲疏远近以及对祭祀活动的满意程度。祭祀活动以及附属于祭祀的礼仪技术人员即宗祝卜史类王官之所以能在国家政治生活中占据重要地位，其内在的逻辑不外是：其一，存在一个意志化、人格化的鬼神世界；其二，他们是世界发生变化的原因。从这两点看，和西周礼乐文化并没有冲突的地方，或许激起"地官"——随西周国家的建立以及在其集权化过程中的新兴的行政官僚集团这一既得利益集团——对于史官敌意的原因还在于第三点，即史官相信可以通过他们所垄断的神秘知识以及仪式化的行为来预知未来命运甚至改变未来事件的神秘能力，这是史官集团得以存在并为自己谋取政治利益的前提，也是后来诸如子产等人攻击史官文化的突破口。按照米沙·季捷夫的说法，这种神秘能力已是属于"危机礼仪"的内容，他认为岁时礼仪一般在一个社会失去控制或丧失了认同感之后，就会自动消亡，而危机礼仪则在整个社会瓦解之后仍然继续存在很长时间，并在新的历史条件下衍生出许多新的积淀物，就是所谓的"迷信"[32]。或许他们的政治庇护者所求于他们的也就是这种能力，由《左传》和《国语》的史官记载看来，他们多数从事的都属于此类活动，即通过卜筮、星占和占梦等形式进行政治命运或者个人命运的预测，即便祭祀也多伴有祈福禳灾之类的功利性要求。一旦这种能力受到怀疑，其遭遇也就可以想见了。据《左传》"昭公二十年"记载，齐侯久病不愈，大臣甚至归罪于祝史，要求杀祝史以谢鬼神。由此也可以看出祝史地位的卑微，而晏子为祝史开脱的说辞也已经把祝史的神秘作用贬低到可笑的地步。郭沫若曾说"周人根本在怀疑天，只是把天来利用着当成了一种工具"[33]，口气尽管武断了点，但周人在新旧文化之间首鼠两端的实用主义的暧昧态

---

① 白川静认为，周代的史官属于殷商遗留，他们凭借自己的专业知识技能，在殷亡之后仍然留在周王室服务。此外，周代的乐师也是殷商后裔，由于他们掌握了殷商先进文化的遗产，对后进的周人还负有宗教和音乐教育的职责（转引自许倬云：《西周史》，232页、223页）。杨宽也持类似的观点，他认为早在文王时期，周人就开始重用投奔过来的殷贵族知识分子，如文王任殷臣辛甲为太史，武王接纳殷内史向挚，都是显见的例子，西周初年更是大量选拔殷贵族知识分子到太史寮中任职（杨宽：《西周史》，83页、167页，上海人民出版社，2003年）。就西周礼仪文化和殷商宗教的源流关系而言，胡适的《说儒》（胡适：《说儒》，收入胡适《中国哲学史》，中华书局，1991年）和傅斯年的《周东封与殷遗民》（傅斯年：《周东封与殷遗民》，收入《民族与古代中国史》，河北教育出版社，2002年）也都持类似的看法。

② 杨宽认为，西周长期实行重要官爵世袭制，类似"史"这样的重要职务一般都是世袭担任的，例如微氏就曾世代为"史"（杨宽：《西周史》，367—372页）。其实不仅仅西周如此，由《左传》"襄公二十五年"可以看出当时齐国太史一职也是由某一家族世袭的。《太史公自序》回顾自己家族历史时也提到"司马氏世典周史"，这一世袭现象一直延续到汉代司马谈、司马迁父子那里。尽管自战国以来"选贤任能"的举荐制度开始出现（参见阎步克：《从举荐到考试》，《阎步克自选集》，广西师大出版社，1997年），《孟子·告子下》也记载葵丘之盟明确要求"士无世官，官事无摄，取士必得"，但史官世袭的现象却一直没有消失。造成这一现象的原因可能在于史官职业的特殊性，即史官一职要求的主要不是个人能力，而是对仪式和典籍的熟悉程度，在图书流通及教育普及程度都不够发达的古代，史官一职在某些特定家族内部的世袭现象自属难免。

③ 甚至可以说，殷人全然没有后来周人那么强烈的道德意识，殷人的"德"观念的内涵也完全不同于周人，《尚书》多有"凶德"、"暴德"、"酒德"、"桀德"、"逸德"等等，显然"德"是一些与德行无关的中性品质，大致等同于《国语·晋语》所谓"异姓则异德，异德则异类"这一类的"德"观念。

度确实是很明显的。西周初年周公"制礼作乐"并非将殷商宗教完全取消,而是将宗教也加以人文化和道德化,使其成为人文化、道德化的宗教,借用季捷夫的理论来说,就是更加强化和突出了"岁时礼仪"中"慎终追远"的道德内涵,这一看法已属中国思想史上的常识。不过值得注意的是,这一道德化和人文化的思想进程基本上是把宗祝卜史类的史官排除在外的①。《礼记·郊特牲》说过:"礼之所尊,尊其义也。失其义,陈其数,祝史之事也。故其数可陈也,其义难知也。"以及《左传》"昭公二十五年"记载:"子大叔见赵简子,简子问揖让周旋之礼焉。对曰:'是仪也,非礼也'。"把"礼"和"仪"、"礼义"和"礼数"区别开来,既是对原来"绝地天通"以来宗祝类史官的宗教礼仪知识的轻视,也暗示了礼乐制度蕴涵的人文理性精神完全属于西周贵族对传统宗教形式的"创造性转换"和"内在超越"的结果,对于这种"礼"和"仪"、"礼义"和"礼数"之间的侧重也正是孔子后来强调的"君子儒"和"小人儒"的区别所在,孔子说"文胜质则史",自然是有其历史依据的。

春秋以降,随着社会结构的巨大变动,自殷商以来的国家宗教制度也随之趋向没落,这也就是人们常说的"礼崩乐坏"的局面。在这个过程中,那些依然依附于原有宗教体制内的卜祝类史官开始承受着巨大的压力。从《左传》和《国语》中几乎随处都可以见出,至少在当时的知识精英阶层中,对鬼神以及妖怪等神圣事物超人间

---

① 需要说明的是,主流的观点多认为儒家出于史官,也即出于宗祝卜史之流,其间分歧只是在于儒家何时、以何种方式出现存在不同意见。胡适认为儒家出于以治丧相礼为业的殷遗民(胡适:《说儒》);冯友兰认为来自西周末年沦落民间的祝宗卜史(冯友兰:《原儒墨》,收入《中国哲学史》《附录》部分);郭沫若《驳说儒》和《论儒家的发生》也承认儒的来源是宗祝卜史一类的人物(转引自陈来《古代宗教与伦理——儒家思想的根源》,336 页);近年杨向奎认为"原始的儒也从事巫祝活动",他相信"原始的儒是术士,可能起于殷商,殷商是最讲究丧葬之礼的,相礼成为儒家之长。孔子是殷商的没落贵族,他的祖先不是巫,但没落后以相礼为业,因而与巫接近,也变作儒家的一员"(杨向奎:《宗周与礼乐文明(修订本)》,442 页,人民出版社,1997 年)。本书认为这些说法值得商榷,学界对儒家思想和宗祝卜史之间必然关系的信心,或许和马王堆帛书《要》孔子自述"吾与史巫同途而殊归"有关,不过"同途"未见得就等于"同源",比如儒和宗祝类史官其实都关注"礼",但其从一开始就有对礼/仪、礼义/礼数的分别侧重,也就是一个关注的是形式,一个关注的是价值和意义。此外,史官文化上承巫文化的流风余绪,不当以周为其上限,这些都是殷周贵族知识分子的差异所在。从楚简《老子》看,其作者对古代礼制相当熟悉,而且对礼也是持充分肯定的态度的。但其作者显然不能归于儒家谱系之中,其中一条就在于孔子克己复礼是要重振周文,而楚简《老子》还有更为久远的精神家园(参看郭沂《郭店楚简与先秦学术思想》,703—706 页,上海教育出版社,2001 年)。原始儒家对史官文化的敌意之深很可以说明二者的区别,比如子产的思想可谓是原始儒家的先导,孔子对他的评价也很高,但是从《左传》、《国语》看,对史官的攻击却又以他最为卖力。钱穆指出,儒门弟子分布以鲁为多,而籍宋者特少。他还认为儒以六艺为本业,未闻以相丧见长(转引自陈来书,336 页)。此外,史官文化的余绪——诸如阴阳家、道家、法家等等——等学派思想都极少道德热情,更多冷静客观的理性态度,对周末礼崩乐坏的局面也极少儒家痛心疾首的愤怒(参看李泽厚《孙老韩合说》,收入李泽厚《中国古代思想史论》,天津社会科学院出版社,2003 年),原因可能都得从这里寻找。所以本书还是更愿意接受李零的判断,把史官文化及其余绪和儒家传统及其思想源头视作并辔而行的两条思想史主线。其实对儒家思想的来源我们或者更应该尊重传统说法,《汉书·艺文志》说"儒家者流,盖出于司徒之官,助人君顺阴阳教化者也。游文于六经之中,留意于仁义之际,祖述尧舜,宪章文武,宗师仲尼",《淮南子·要略》也说"周公受封于鲁,以此移风易俗。孔子修成康之道,述周公之训,以教七十子,使服其衣冠,修其篇籍,故儒者之学生焉"。两者说法不尽一致,但在关键处,比如儒家注重社会实践效果、儒家发生以周为上限以及对道德价值的强调,却都有可相互印证之处。章太炎认为"儒"有"达、类、私"三科,达名之儒,应是泛指一切知识分子,自然也包括原始史官在内,"儒"家应该是"私名之儒",即章氏所谓"粗明德行政教之趣而已"的一类人物(章太炎:《原儒》,收入章太炎《国故论衡》,上海古籍出版社,2003 年)。孔子有"君子儒"和"小人儒"的区分,《荀子·儒效》也有"雅儒"、"大儒"和"俗儒"的分别,原因或在于此。

的"神圣性"的消解已成为当时的主流思潮。"解神秘性"的思想资源主要还是来自周公在《尚书》中反复申述的"慈保庶民"、"民神无怨"之类的道德天命论的观念,不同的是这一时期的人文理性思潮有着明确的针对性,陈来认为,"这个时代人文思想所针对的不是巫术代表的原始宗教,而是史官(事神之官祝史的史)代表的神灵信仰",究其原因则源于存在已久的"天官意识"和"地官意识"之间的紧张关系在一定历史条件下的爆发[34]。取消了鬼神信仰之后的宗教仪式和祭祀礼仪完全堕落为空洞的形式,而原来依附于国家宗教的史官更是面临着存在的合法性危机,被剥夺了对"天道"的阐释权利之后,宗教类史官的地位已经降低到一般技术人员的程度,对他们掌握的知识也只是以寻常"技术"看待,《礼记·王制》提到:"凡执技以事上者,祝史射御医卜及百工。"马克斯·韦伯认为:"巫术及泛灵论的观念受到正统与异端的共同宽容,一般可以这样说:在中国,古老的经验知识与技能本身的任何理性化,都是沿着巫术世界观的方向前进的。"[35]而马赛尔·莫斯则注意到这是一个世界范围内的普遍现象:"当宗教力图达到形而上学并沉浸在观念印象的创造之中时,巫术成百上千次地从其获取力量的神秘生活中走出来,目的是融入世俗生活并为其所用。巫术趋向具体,如同宗教力图抽象一般。……巫师们有时甚至试图把他们的知识体系化,找出他们的原理。当相似的理论在各个巫师学派中被阐释出来时,所用的方法完全是理性的和个人的。在这一理论工作过程中,巫师们预先考虑的是尽可能地摒弃自己的神秘性,由此,巫术具有了真正科学的一面。"[36]一部分史官已经安于自己的技术而非以往"知天道者"的文化身份,开始对自己原有知识系统以"去神秘性"为中心的清理和改造,并试图以此摆脱自己已沦为笑柄的原始宗教祭司的神职身份,这是史官文化数术化倾向的开始,也不妨理解为中国本土科学的开始。

从倒溯的眼光看,作为史官文化余绪的数术之学主要集中在生命、宇宙和历史这三个知识领域,这些都是当时人们所关心的内容,又属于原始史官传统思想资源的优势所在,也都是当时主流文化的理论盲区[①]。人类社会所面临的一些带有普遍性的问题都是由被马林诺夫斯基称作"人生最大而且最终的危机——死亡"引起的,弗雷泽也认为死亡问题的关注是所有文化都必须关注和解决的首要问题[37]。和巫术世界观对死亡现象的否定不同,埃德蒙·利奇认为,宗教的作用就在于通过"来世"和永生的"死者之国"给予死亡问题一次性的根本解决[38]。随着西周国家宗教的逐渐崩坏以及原有知识系统的调整和转换,许多原来不成问题的问题现在重

---

① 古代星占术是为史官集团所垄断的专门学问(可参看江晓原《天学真原》"'昔之传天数者'——天文学溯源"一节的说明江晓原:《天学真原》,69—97页,辽宁教育出版社,1991年),属于"技"的层面,既为他人所不屑,也非外人所能染指。儒家思想(或者说地官意识)对于宇宙自然并无兴趣,也非其所及。周人提出的"天命论"尽管解决了政权易手的合法性问题,也为自己留下了一个沉重的理论包袱,即天命论造成了"人类社会应该是什么样与实际上是什么样之间的鸿沟"(史华兹:《古代中国的思想世界》,53页),孟子等人为了解决道德和个人幸福之间的"神义论"问题而提出的"性命之辨",即把社会历史命运和个人命运加以区分的做法也难称妥当(参看陈宁《中国古代命运观的现代诠释》相关内容,辽宁教育出版社,1999年),这都为后来的数术之学在这些领域的发挥留下了广阔的理论空间。

新成为了问题。西周金文多有祈求"毋死"和"弥生"的记载[39]，由死生无常引发的生命感叹更是不绝如缕，其中最为典型的要数《左传》"哀公二十七年"里"哀死事生，以待天命"的说法，它以一种极端清醒的理性态度把生命过程视作一次面向死亡的绝望旅途。这些都是儒家思想无法直面的现实问题，孔子也只能以"未知生，焉知死"和"六合之外，圣人存而不论"来回避。从理论上对生命和死亡现象作出解释，并予以技术上的解决，这些却都是史官文化的强项。巫和医自古以来即有不可分的关系，故医字从巫作"毉"，《山海经》中巫每被给以医之名。《论语》也说"人而无恒不可以作巫医"，巫和医二事古时每连言[40]。在殷商时期，疾病往往被视作天神所降，或祖妣作祟的结果[41]，所以通过祷告来治疗疾病又成为祝史类官员的职责，《公羊·隐四年传》"于钟巫之祭"何休注为"巫者事鬼神祷解，以治病请福者也"，《左传》"昭公二十年""今君疾病，为诸侯忧，是祝史之罪也"，也可以为一旁证，故后来祝由也成为巫医之一科。《史记·扁鹊仓公列传》记载神医扁鹊病有"六不治"，其一就是"姓巫不信医"，说明当时巫和医已有分离的趋势，不过马王堆帛书《五十二病方》记载的多有祝祷、诅咒、符箓、厌禳等巫医并用的医方，而且直到元代医学十三科中尚有祝由一科[42]，而中医理论的发展和阴阳五行这些数术思想是分不开的，养生、服食、神仙以及房中等和生命现象有关的方技知识都和史官文化存在着密不可分的联系，后来道家思想更是把史官传统中的生命问题上升到形上理论的层面[43]。

　　显然，这种对生命问题的浓厚兴趣应该视作我们讨论"气"观念发生不容小视的思想史背景。史华兹把"气"作为战国时期"公共话语"的一个重要组成部分，甚至可以说"气"概念构成了当时几乎一切思想问题的"元语言"。从传世文献的记载来看，"生命之气"和"自然之气"几乎是同时出现的，而且这两种"气"观念都可以从《说文》有关"气"的说法中找到依据。自然之气和生命之气孰先孰后？这已是另外一个问题了，本书倾向于认为生命之气先于自然之气，原因之一在于功能性的"气"观念，其思想原型显然来自恩斯特·卡西尔所谓的原始人对"生命一体性"原则的信仰[44]；其次，因为史官集团中某些"官巫"早有方士化的倾向，而他们基本上都集中在医药领域[45]，故而"气"观念首先发生于生命领域是很有可能的；其三，作为自然之气最早的记载见于《国语·周语》，不过伯阳父的宇宙观显然是拟人化的，他以"阴阳"和"序"来规定宇宙之气，更可以为自然之气晚出的一证。总之，从春秋时期开始"气"作为一种功能性的概念已经渗透到诸如魂魄、鬼神、天地等几乎一切神圣领域中去[46]。史华兹始终警惕那种把"气"思想误作西方式的物质"还原主义"的误读，"它最终既指人类的方面，又指宇宙的方面，甚至还指神秘的方面（道——引者注）。不过，它从来也没有变成西方意义上的'还原主义'所说的物质"[47]，或者可以说，"气"观念在以一种科学（世俗）化的方式改造原始宗教世界的同时，它自己也被改造了，杨国荣先生据此批评道："认为气构成万物，又可以'流行'于万物之外，这是气一元论的基本观点，同时又是其致命的理论弱点。"[48]"道"不离"气"，"气"不离"道"，这是中国"气"思想的根本特色，其后《庄子》"物物者与物无际"，《孟子》"浩然之气"等超越思想,其实都来自于"气"和"道"的妥协,换言之,我们之所以还能在一个世俗世界中保留一种超越的理想,在很大程度上还是拜托于这批本土科学家的一念之仁,这样看来,杨先生的批评又未免有点不近人情了。

第三节　对一个世界的知识确认
——关联宇宙观的发生

由《左传》和《国语》的相关记载来看,春秋时代的"天道"观念大致有三义:一是宗教命运式的"天道"观;二是继承周《书》"道德之天"意义上的"天道"观;三是具有"规律性"和"必然性"意味的自然主义"天道"观[49]。需要说明的是,这三者既有其不同的思想渊源和理论旨趣,也存在一个先后继起的逻辑关系,说得直接一点就是,这三种"天道"观在一定程度上彰显出中国文化由两个世界的存在过渡到"一个世界"观的思想史历程。史官文化和商周国家宗教的共生关系已如前述,商周国家宗教尽管存在着不小的差异,但二者分享了一个共同的理论预设,即在"这一个"世界之外或者之上还存在了另外一个决定性的"神圣世界"。史官正是凭借自己沟通、影响这一神圣世界的神秘能力,即所谓"知天道"的能力①,才得以在商周国家体制中占据一席之地。但从《左传》和《国语》已经可以见出,至少在当时的知识精英阶层中,对鬼神以及妖怪等神圣事物超人间的"神圣性"的怀疑和消解已成为当时的主流思潮。对"神圣世界"的消解本属西周"天命论"思想的逻辑上的必然,把"天"道德化也就是对"神圣世界"的人间化,两个世界之间已只有一纸之隔了。

按照徐复观的理解,西周国家宗教中"神圣世界(天)"崩坏既是周初实用主义的宗教政策的现实报应,又可以说是西周天命论发展的题中应有之义,"一般宗教,多有'此岸'、'彼岸'、'今生'、'来世'之说。而神的赏罚权威,常行之于彼岸,或行之于来世。这一方面可以暂时给不幸者以精神的安慰与最后的希望;同时也可免得因'此岸''今生'的各种不幸,而牵涉到神自身的权威。"同时他又认为:"西周幽厉时代,天命权威的坠落,一方由现实政治所逼成,同时也受到人文之光的照射。"[50]在中国宗教史上,这两个世界之间的矛盾和紧张关系所引发的"神义论"问题并没有导致对现世的彻底否定,反而倾向于对神圣世界存在的消解和颠覆,其原因或许可以追溯到殷商原始宗教中强烈的"泛政治化"的世俗性倾向。这是中国文化的独特之处,也正是马克斯·韦伯感到无可理喻的地方,他发现:"那种把对现世的紧张关系,无论在宗教对现世的贬低还是从现世所受到的实际拒绝方面,都减少到最低限度(在意图上)理性的伦理,就是儒教。现世是一切可能的世界中最好的世界,人

---

① 《国语·周语下》韦昭注:"瞽,乐太师,掌知音乐风气,执同律以听军声,而诏吉凶。史,太史,掌报天时,与太师同车,皆知天道者"。清代钱大昕认为:"古书言天道者,皆主吉凶祸福而言。……皆论吉凶之数"(《十驾斋养新录》卷三"天道",江苏古籍出版社,2000年)。

性本善,人与人之间在一切事情上只有程度的差异,原则上都是平等的,无论如何都能遵循道德规则,而且有能力做到尽善尽美。正确的救世之路就是适应世界永恒的超神的秩序:道,也就是适应由宇宙和谐中产生的共同生活的社会要求,主要是:虔敬地服从世俗权力的固定秩序。"[51]

韦伯的描述还是非常准确的,尽管他在《儒教与道教》一书中对中国上古文化里面两大知识谱系之间互动关系的把握还是过于简单化了。仅就对"一个世界"观的确认来看,就不止有韦伯提及的"儒教"传统的道德伦理的确认,还存在一个以"气"观念为依据的知识确认,而这一理论言路的意义更为深远,也更有一种"科学"的强制力。流风所及,就连子产这样史官文化的激烈反对者也不免受到了影响。(如《左传》"昭公七年":"子产曰:'人生始化曰魄,既生魄,阳曰魂。用物精多,则魂魄强,是以有精爽,至于神明。'")作为史官余绪的一批方术士从实用技术的角度几乎在所有知识领域中彻底颠覆了"神圣世界"的存在依据,不知从何时开始,生命、疾病和死亡等所有生命现象,天地鬼神以及宇宙天体统统都被视作一气之流行的瞬间存在,这个连续性、一体化的世界观,用《庄子》里的话说,就是"通天下一气耳"。

随着神灵信仰的解体,宗教仪式和祭祀礼仪完全堕落为空洞的形式,而原来依附于国家宗教的史官更是面临着存在的合法性危机。皮之不存,毛将焉附?对神圣世界的消解必然意味着对史官集团世袭垄断的"天道"观念的质疑。春秋时期出现了很多神启预言和卜筮、星占受到怀疑和抵制的例子,最典型的当数《左传》"昭公十八年"子产的说法:"天道远,人道迩,非所及也,何以知之?(裨)灶焉知天道。"史书中的子产向以传统"天道"观念最激烈的反对者著称,其中固然不乏两大利益集团争夺话语权力的因素,不过在当时的思想环境中,自上而下而又神神秘秘的传统"天道"观念之不得人心和不合时宜也是显而易见的[①]。《国语·周语下》记载:"单子曰:君何患焉!晋将有乱,其君与三郤其当之乎!鲁侯曰:寡人惧不免于晋,今君曰将有乱,敢问天道乎,抑人故也?对曰:吾非瞽史,焉知天道?吾见晋君之容,而听三郤之语矣,殆必祸者也。"其重要的一点就是把人道和天道区分开来,他们以社会历史为一自足自为的体系,其中自有其内在的规律和秩序。被剥夺了对"天道"的阐释权利之后,宗教类史官的地位已经降低到一般技术人员的程度,对他们掌握的知识也只是以寻常"技术"看待,《礼记·王制》提到:"凡执技以事上者,祝史射御医卜及百工。"而所谓的"天道"甚至在民间社会也沦为笑谈,《史记·日者列传》载贾谊言:"卜筮者,世俗之所贱简也。世皆言:'夫卜者多言夸严以得人情,虚高人禄命以说人志,擅言祸灾以伤人心,矫言鬼神以尽人财,厚求拜谢以私于己。'"司马迁《报任安书》在对史官历史的回顾中感慨:"文史星历近乎卜祝之间,固

---

① 由于殷周以来祭政合一的传统,老百姓对现实政治的不满自然体现为对宗教信仰的怀疑,这可以从《诗经》里大量的"怨天"观念看到,较之于当时替代性的"民本"、"人本"之类的新"天道"思想,对于民间社会的吸引力不言自明;其次,当时史官的预测多属"附体性占卜"而非后来的"智慧性占卜",除了关于祸福吉凶的程式化判断外,无法提供进一步的理论支持,这也是它不合时宜的原因之一,后来筮占更是全面取代了龟卜,原因也在于此。

主上所戏弄,倡优畜之,流俗之所轻也。"

史官政治和社会地位的下降已是不争的历史事实,除此之外,这段话还暗示我们一个重要的历史现象:在以神灵祭祀为核心的原始宗教观念崩溃的大背景中,一部分史官——即所谓"文史星历"之类——已经羞于与卜祝类成员为伍了。他们也接受了当时的主流观念,已经主动放弃了自己"天道"预言者的宗教身份,比如《左传》"僖公十六年"记载:"十六年春,陨石于宋五,陨星也。六鹢退飞,过宋都,风也。周内史叔兴聘于宋,宋襄公问焉,曰:'是何祥也? 吉凶焉在?'……退而告人曰:'君失问。是阴阳之事,非吉凶所生也。'"如果说原始儒家的"天人之分"还必须保留某种神圣而又神秘的"天命"作为个人内心使命感和社会历史走向的确认,在他这里,天道和人事已经完全分裂为两个不同的知识领域。

除了这种以"分"作为对世俗压力的妥协外,史官文化的后裔中还存在一种把天道和人事整合起来的倾向,这种史官文化的新走向不妨可以理解为在"神圣世界"缺席的前提之下重建世界和宇宙秩序的努力,或者说是一种重建"天道"的努力。这批人就是后来以"阴阳家"著称的数术学者,他们努力的结果就是前引所谓自然主义的"天道",也即西方学者通常称作"关联宇宙论"的学说①。所谓"关联宇宙论",按照列维·施特劳斯的说法,这是一种拟人化的宇宙论,据他看来,这是一种发生于几乎一切原始社会之中的"具体性的科学",或者说,这完全是一种类似于语言活动的具有"结构主义"倾向的分类方法。史华兹因而推断,这种关联性的思维方式完全有可能存在于高级文明形成以前,存在于高级文化与民间文化尚未分化的新石器时期的中国"原始"社会之中。然而,它们不见于任何现存的古老典籍,这里我们再次面临着研究神话时遇到的同样的困难。然而,有一点是很清楚的,那就是这种思维方式和神话的命运不一样,它后来终于在高级文化内部赢得了一席之地,假如它也象神话一样被理性和文明彻底消化或者摧毁了的话,我们就更无从推测其原貌,或者说就根本不可能知道它的存在了[52]。根据列维·施特劳斯对于"宗教"和"巫术"的定义来看,这种原始的"具体性科学"或者说"关联宇宙论"在中国文化中的断裂和突然发生也都可以得到某种合理的解释。据他的看法,原始的"具体性科学"是把我们在日常经验中感受到的一切具体内容沿着"水平的轴向"联系在一起,因为它们——动物、植物、人及其品性、方位、家族和天体——全部都是真实的,都来自于同一个真实的世界;而另一种将人类世界沿着"垂直的轴向"和神灵鬼怪连接起来的宗教仪式,尤其是祭祀仪式,在他看来代表了在"从根本上分离

---

① 史华兹 correlative cosmology 概念(Schwartz Benjamin Isadore:The world of thought in ancient China)首先出自葛兰言《中国思想》一书的 correlative thinking 概念(Marcel Granet:Chinese mind,New York 1958),其后为葛瑞汉(葛瑞汉:《论道者》,"关联思维与关联宇宙建构",364—370 页,中国社会科学出版社,2003 年;及其《阴阳与关联思维的本质》一文,收入艾兰等主编《中国古代思维模式与阴阳五行说探源》,江苏古籍出版社,1998 年)、安乐哲(安乐哲《汉哲学关联思维模式》,收入安乐哲《和而不同:比较哲学与中西会通》,北京大学出版社,2002 年)等人沿用,列维·斯特劳斯也在他的原始思维研究中也借用了这一概念,这一概念(correlative thinking 或 correlative cosmology)国内一般都译为"关联思维"或"关联宇宙观",所以此处不从江苏人民版"相关性宇宙论"的译法,而是沿用"关联宇宙观"的传统用法。

开来的两个领域之间"建立起"意愿性联系"的努力,这两个领域中的一方是神灵世界,它是"非实存的",在施特劳斯看来,一切试图沟通起"那个从源头上就开始分离的领域"(指的是神圣世界的存在——引者注)的手段,比如占卜、祭祀和崇拜,都应当视作一种宗教行为[53]。在我看来,施特劳斯对于"巫术世界观"和"宗教世界观"所作的最为根本性的区分就是"一个世界"和"两个世界"的区别,而他从雅各布森那里借用的大量诸如"邻近性"和"类似性"、"隐喻"和"转喻"之类的语言学概念其实无非也就是想表达同样的意思。埃德蒙·利奇正是在施特劳斯"两个世界"的宗教理论基础上指出,宗教的逻辑就是非逻辑,"这种非逻辑的特征是,隐喻被当作转喻"[54]。恩斯特·卡西尔论及宗教仪式的内在逻辑的时候,也提出了类似的看法,他认为:"它们(指的是宗教祭祀和祈祷——引者注)并没有提供一条通道以便从预先规定并严格限定的自我领域达到神的领域;相反,它们确定了这两个领域,并在二者之间逐步划出新的界线。因而,祈祷和祭祀并非仅仅在宗教意识一开始就存在的鸿沟上架桥;相反,宗教意识为了填补这条鸿沟而创造鸿沟;宗教意识逐渐加剧神人对立,以便从这种对立中找到超越它的方法。"[55]他们或者强调神圣/世俗二分世界在宗教意识中的沟通,或者强调二者之间的距离,其理论兴趣不尽相同,但以两个世界的存在为宗教发生的前提,这一点却是一致的。

由此看来,"关联宇宙论"思想自商周以来的失势在所难免了,因为一个世界的宇宙观显然无法容身于神圣世界/世俗世界的二元宇宙论中间。伊藤道治就曾在殷墟卜辞材料中注意到一个与此相关的现象,他发现卜辞材料中有"'荤'生"——即一种祈求得子的祭祀活动——的记载,但祈求的对象限于先妣,不见有先王或先公。这就表示殷人当时承认先妣之灵对人的生育有巨大的作用,但是对先公、先王举行的"'荤'雨"、"'荤'年"——即祈雨、祈稔——的祭祀中却不见有先妣参与的记载。殷代显然是农业社会,在这种社会里,在农耕礼仪上女性占有重要的地位一般是很普遍的现象,这是因为把女性的生育能力作为类感咒术而提出的。但是殷代承认女性在生育方面的能力,却不承认在农耕活动中的能力,而是相信作为男性的先王先公在这方面的能力。此外,贯通于新石器时代和殷代,为了祈求食物的丰饶、子孙的繁殖而制作的女性土偶或类似的东西,在中国没有发现;在殷末周初制作的青铜大鼓的鼓身上用鱼象征女性,与此相反,男性则明显地画上性器官,在性器官的两侧画上鱼。这是基于对男性在生殖方面具有的作用的明确理解,在祖先祭祀中,男性先王的祭祀成为中心也是因为这一原因。由此看来,所谓大地母神的信仰在中国早就消失了,至少说在殷商王朝的贵族阶层里面并没有什么太大的影响[56]。根据胡厚宣等人的研究,殷商妇女的社会地位以及家庭地位都不算低①,这种变化显然另有原因。类似的情形也发生在对原始巫术的国家化体制化宗教改革

---

① 由甲骨卜辞看,商王后妃直接参与了商王朝的政治生活,甚至还拥有个人的领地属邑。参看胡厚宣《殷代封建制度考》和《殷代婚姻家族宗法生育制度考》,收入胡厚宣《甲骨学商史论丛初集》;王晖也认为商周妇女地位之高为后世所罕见,他称之为"牝鸡司晨"现象,参看王晖《商周文化比较研究》386—391页,人民出版社,2000年。

过程中,前引李零所概括出来的十六种巫术活动尤其是(七)至(九)项的"祝诅"类巫术,被排除在国家宗教制度之外,由相关记载看,"祝诅"术主要有"语言作用"和"偶像作用"两种。前者如《左传》"昭公二十年":"民人苦病,夫妇皆诅。祝有益也,诅亦有损。"后者如《史记·封禅书》所记载的,苌弘为周灵王设射"狸首",两者都属于远距离作用的巫术,其有效性必然有赖于"感应"现象的存在。而"感应"所以可能必须有赖于一个处于不断流动变化的连续性的一体化世界观为其存在前提的,所以"气"思想和"关联宇宙观"本是一损俱损、一荣俱荣的共生关系,正如消失在殷商祭祀活动中的男女类感咒术之后却又复见于春秋战国时期的"春社"一样[57],曾经一度被排除在国家宗教制度之外的"祝诅"类巫术其后也被当作行之有效的验方堂而皇之地收入帛书《五十二医方》之中[58]。由此看来,"气"、"关联思维"在文化史上的断裂及其突然发生都应该从"巫术化"或者"科学化"的"一个世界观"和宗教性的"两个世界观"之间此消彼长的对立关系中去寻求历史性的解释。

根据列维·施特劳斯的看法,关联思维或者说"具体性科学"首先而且主要表现为一种分类法,一个建立在分类基础上的关系结构,这种分类首先表现为一种社会性的图腾分类制度,他的观点显然受到了涂尔干和莫斯关于"原始分类"思想的影响。涂尔干和莫斯认为,建立在社会分类和区别基础之上的"原始分类"是一切文化形式里面科学性思维的起源,这种分类还依据某些特定的原则引入等级和秩序,使它们共同构成一个单一的整体。他们认为:"这种体系还具有纯粹的思辩目的。它们的目标不是辅助行动,而是增进理解,使事物之间的关系变得明白易懂。一旦给出了某些作为基础的概念,心灵就会感到一种需要,要把对其他事物所形成的观念与它们联系起来。于是,这种分类首先就要联系观念,统一知识。因此,可以毫不夸张地说,它们将成为科学的分类,它们将建构最初的自然哲学。"[59]他们所说的最根本的"原始分类"就是图腾制度,但中国古代有否"图腾"制度的存在,到现在依然还是个聚讼纷纭的文化公案,不过中国传统科学首先起于某种独特的分类方式,这一点自无疑问的。这种中国式的分类体系就是战国时期声名显赫的"阴阳五行"说。将事物进行分类,在事物之间规定关系,制定认识框架的范畴,从而形成体系性的认识,这就是一种科学性的思考,中国思想史上阴阳五行思想就是这种科学思考的产物。自从战国以来,阴阳五行一直就是中国自然哲学乃至社会科学的基础,可以说,如果去掉阴阳五行说的思考,就不会有中国的传统科学了。阴阳五行的原始发生至今依然是个谜,今天多有人推测其思想原型就是殷商"五方"观念和性别观念,尽管这种猜测还难有直接的证据支持,但这一说法应该说还是深得涂尔干"社会优先于个体"的结构主义思想要领的。

卡西尔在论及神话思维向整体性的宇宙论观念的演进时指出,占星术的介入以及对原始观念的"数字化"整理是这个过程中的关键因素:"一旦这种意识不再像巫术那样满足于引起个别效果时,它便上升到一个新的水准,它使自己转向存在和生成的整体,并且越来越富于对这整体的直观。于是它逐渐使自己摆脱直接局限于感觉印象和短暂感觉情绪的状态,它越来越多地转向沉思事件的永恒周期,这样在整个世界过程中感到的,是到处重复出现的度量。"所以尽管"原始神灵神话并没有消逝,但它降为低层次的大众信仰。智者、教士的宗教变成了'神圣纪元'和'神圣数字'的宗教",他认为这样一个过程对于世界各大文明来说是一个普遍现象,"在几乎所有伟大的宗教中,都发现了制约所有事件的普遍时间秩序与同样主宰所有事件的外在的正义秩序之间的相同关系——天文宇宙与伦理宇宙之间的相同关联。从此,盛行于自然多神教的神个体化,也被普遍自然秩序的观念取而代之"[60]。中国数术之学的发展完全印证了卡西尔的判断,帛书《周易·要》篇第三章记载孔子答子赣问:"《易》,我后其祝卜矣!我观其德义耳。幽赞而达乎数,明数而达乎德,又仁守者而义行之耳。赞而不达乎数,则其为之巫;数而不达乎德,则其为之史。史巫之筮,乡之而未也,好之而非也。后世之士疑丘者,或以《易》乎?吾求亓德而已。吾与史巫同涂而殊归者也。"在我看来,这段话可以理解为孔子对上古思想史至为简洁精当的概括,也就是一个由"术"而"数"以至于"德(道、理)"的不断抽象化的历史过程。孔子的这一观点也为后来者所认可。宋代陈振孙《直斋书录解题》认为:"自司马氏论九流,其后刘歆《七略》、班固《艺文志》,皆著阴阳家的说法。而天文、历谱、五行、卜筮、形法之属,别为数术略。其论阴阳家者流,盖出于羲和之官,钦若昊天,历象日月星辰。拘者为之,则牵于禁忌、泥于小数。至其论数术,则又以为羲和卜史之流。而所谓《司星子韦》三篇,不列于天文,而著之阴阳家之首。然则阴阳与数术,亦未有以大异也。不知当时何以别之。岂此论其理,彼具其术邪?"章学诚《文史通义》尽管对阴阳家的形上理论颇有微词,还是认可了自孔子以来以"理"、"数"之别区分数术家和阴阳家,并把阴阳家归入诸子的传统做法:"盖诸子略中阴阳家乃邹衍谈天、邹奭雕龙之类,空论其理而不征其数者也。数术略之天文、历谱诸家乃泰一、五残、日月星气以及黄帝、颛顼、日月星历之类,显征度数而不衍空文者也。其分门别类,固无可议。"可以说,现代考古发现及其研究的成果在很大程度上印证了孔子的说法。由此看来,重新评估和认识数术之学的思想史意义应该成为当下思想史研究的必要前提。

在现存史料中,记载和描述早期数术文献最为详尽的是《汉书·艺文志》,《汉书·艺文志》总共著录西汉时期的皇家图书 596 种 13296 卷,其中归属"数术"类的图书多达 190 种 2528 卷。除此以外,《艺文志》中还记载了一些和数术之学关系密切的其他类书籍,即归于诸子略之中的阴阳家书 21 种 10 卷和兵家略中兵阴阳书16 种 249 篇,另外如《六艺略》中的《易略》、《方技略》中的《医书》也都不乏关于早期数术思想的记载。从这些数字来看,数术类图书在西汉时期皇家图书中所占比例是相当惊人的,由此不难推测数术思想在先秦两汉时期的地位和影响,我们更难以想象如此丰富的数术思想居然就没有在思想史过程中留下自己的痕迹。遗憾的是,这些早期数术文献大多没有保存下来。《汉书·艺文志》和《隋书·经籍志》都是研究早期书籍流传情况的重要依据,从对《汉书·艺文志》和《隋书·经籍志》的比较来看,《艺文志》所提到的绝大部分数术著述早在魏晋南北朝时期就已经失传了①。对于古书的亡佚,一般的看法都是归咎于天灾,不过也不能忽视其中某种规律性的人为因素。比如李零就指出过这样一个现象:"我们只要翻一下《汉书·艺文志》就可看出,古书亡逸最多是讲实用技术的后三略,即兵书、数术、方技,而出土古书补充最大也在这几方面。"他认为这是"因为人们对技术的追求一向是'喜新厌旧'",故而这类书籍不如那些"形而上学"的高谈阔论那样传之久远[61]。胡文辉对此也有类似的看法,他认为:"古书的流行并不是自然的淘汰,而是人为的淘汰;古书的亡佚往往并不是因为天灾人祸,而是因为后世'集体无意识'的筛选。"[62]这样的情况至今亦然,今天图书市场上淘汰更新最快的就是计算机类的图书,以今律古,当知上述说法确有道理。这种人为选择的思想史后果在于它不仅限制了对数术思想的研究,也在很大程度上误导了我们对上古思想史的理解。《四库全书总目》对列于子部的"数术"所作的描述就是这种误解的典型:"术数之兴多在秦汉以后,要其旨不出阴阳五行生克制化,实皆《易》之支流,傅以杂说耳……中惟数学一家为《易》外别传,不切事而犹近理。其余则皆百伪一真,递相扇动。"抛开所谓"百伪一真"的价值判断不提,《总目》的说法既与《左传》、《史记》和《汉书》等史籍的相关记载不合,也为二十世纪以来的考古发现所证伪。

对这种倒果为因的思想史偏见,李零曾深表不满:"过去,由于人们对真正的数术、方技传统缺乏了解,对阴阳家和道家的理解也很狭窄,学者常常是借儒籍的折射来谈这一类思想。如把《洪范》当五行的来源,《易传》、《月令》当阴阳的来源。其实真正的阴阳五行,当有更早的'源'和更大的'流'。"[63]李学勤曾经指出过,由于《汉志》所录数术书几乎全部亡佚,今天要想彻底探求古代数术的真相已经是不可能了[64]。但李零相信从现有材料还是可以大致勾勒出由数术之学到阴阳五行学说的大致线索。由《汉志》的著录及其大致的描述,再参照出土的数术材料来看,古代方术不外如下几种形式:一是巫术,即所谓厌劾祠禳之类;一是相术,如相地形、相面、相六畜之类;一是占术,即根据某种媒介来判断吉凶,如占卜、占星和占梦之类。在这些数术之学中,占卜术后来居上占据了主导的地位。仔细分析数术类的各种占卜术,我们不难发现,年代越早、形式越简单的占卜,它们在方法上的直观性和随机性越强,相反,年代越晚的占卜形式越来越复杂,则抽象性越强,推算的色彩越浓。占卜术最早可以追溯到5500年前的骨卜,骨卜以及殷商时期广为流行的龟卜,其特点主要是以兆"象"来判断吉凶,和"数"的关系不大,卜筮的产生至迟不会过于商代,它虽然也讲"象",但主要还是数占。占卜术发展到卜筮的阶段,开始比较明显地有了推算和逻辑的形式。在卜筮之后,还有更为复杂的式法和由式法派生的日者之术,由于天文历法知识的介入,这种占卜术和卜筮相比较而言就显得尤为复杂和精致[65]。到了式法和从式法派生而出的日者之术,由于天文历算的介入,其形式

---

① 近年江陵张家山汉代竹简中有《算数书》一种,应该归于《艺文志》"术数"略之"历谱"类图书,但未见于《艺文志》,这就说明术数类图书在汉代就已有亡佚的现象。

比卜筮更为复杂,其特点是用空间来表示时间,合时空于一体,数字依然是其整合的关键[66]。他的结论是:"阴阳五行说虽与子学、数术都有关系,但更主要地还是产生于古代的数术之学。它基本上是沿古代数术的内在逻辑发展而来,并始终是以这些数术门类为主要应用范围,并不像是诸子之学从旁嵌入和移植的结果。子学对阴阳五行说的精密化和意识形态化当然有推波助澜的重大贡献,但它绝非阴阳五行之源而只是它的流,当可断言。"[67]

"数字"思想和"气"观念一样都是一种功能性范畴,都是对构成世界的某种本质现象的科学认识,如果说"气"观念对整体宇宙的"科学还原"主要还是停留在现象学层面的话,"数字化"思想的抽象程度已远非"气"所能及了,卡西尔认为:"在理论知识体系中,数意味着最重要的联系环节,它能包容最为差异的内容,并把它们转变成概念的统一性。通过把所有多样性和差异性化解为知识的统一性,数似乎成了知识本身根本理论目的之体现,成了'真理'本身的体现。"[68]就此而言,数字化的阴阳五行思想似乎已经具有那种施特劳斯所谓"第二性分析"的纯粹科学的意味[69],不过阴阳五行的目的不在于对纯粹自然宇宙的认识,按照鲁惟一的看法,它为的是把人和一种远比人要强大的力量结合在一起,"由于中国人普遍地把宇宙看成是单一的实体,这种联系(指人和宇宙的联系——引者注)就更加有力了。在天与天体、地与其创造物、人与其活动这几大领域中的任何一类发生的事情,即便与其他两类风马牛不相及,也对它们产生直接的影响"[70]。

所以这种作为"规律之道"的阴阳五行思想的演进也和"气"思想走上同样的道路,就如同"气"最终也演化出"形上之气"(太虚、太极)和"形下之气"的区别一样,"道"在老子、庄子手中也完成了由"规律之道"向"超验之道"的超越[71],粗略地说,也经历了一个始于巫术、经由科学而最终归于(准)神学的道路。

伊利亚德认为,对一种彻底非圣化的自然的体验是一个最新的发现。而且,这种体验只能仅仅被现代社会中的少数人,尤其是科学家所理解。他以中国为例说明(1)正如在西方一样,在中国,自然的去圣化只是少数人的事,尤其只是知识界的事情;(2)尽管如此,在中国以及在整个远东,去圣化的过程从来也没有被进行到底。甚至对大部分知识渊博的文人来说.对自然所作的"美学沉思"仍然带有一种宗教魅力的光环。他说:"我们仅仅想象一下在现代社会中一种美学情绪能够成为什么,我们就会理解对宇宙神圣性的体验是如何能够被纯化、是如何被转变的,直到它被转化为一种纯净的人类情感——例如,成为一种为艺术而艺术的情感。"[72]中国思想史上"气"、"道"观念的衍化过程恰好印证了伊利亚德的判断,简单地说,在孟子以"气"言"心"的语境中,"气"思想为"天人合一"的境界说提供了自然论基础,而从庄子开始,"道"概念则充当了超越境界的代名词,所以其后"气"、"道"都逐渐成为了中国美学史上至关重要的理论范畴,这就一点都不值得奇怪了。究其原因,或者就如鲁惟一所说的那样,中国人的宇宙和人是分不开的。它不是人类认识和实践的对象,而是人存在于其中的"世界"。列维·施特劳斯曾把人文科学和自然科学分别称作"软科学"和"硬科学",他认为一切科学研究都假定了观察者及其对象分离的二元论,自然科学因其和二元论的亲缘关系大行其道,而"人文科学的不幸在于,人不免要对自己感兴趣"[73]。就此而言,"气"、"道"思想演进的超验之路或许应该对中国科学思想发育不良承担一定的责任,但对于中国美学的发展来说,倒的确是件幸事。

注:

1 刘师培:《古学出于史官论》,收入《刘师培全集》,中共中央党校出版社,1997 年。

2 徐复观:《原史》,收入《两汉思想史》卷三,华东师范大学出版社,2001 年。

3 胡淀咸:《释史》,《中国古代史论丛》第一辑,福建人民出版社,1981 年。

4 陈桐生:《中国史官文化与史记》,第 4 页,汕头大学出版社,1993 年。

5 于省吾:《甲骨文字释林》,中华书局,1979 年。

6 徐复观:《原史》,收入《两汉思想史》卷三。

7 许倬云:《西周史》,223 页。

8 李零:《西周金文中的职官系统》,《李零自选集》,广西师范大学出版社,1998 年。

9 王国维:《说史》,收入《观堂集林》,河北教育出版社,2001 年。

10 参见郭沫若《〈周官〉质疑》(收入刘梦溪主编《中国现代学术经典——郭沫若卷》,河北教育出版社,1996 年)以及《先秦天道观之进展》(收入郭沫若《中国古代社会研究(外二种)》,河北教育出版社,2000 年);参看顾颉刚《"周公制礼"的传说和〈周官〉一书的出现》(收入《顾颉刚集》。中国社会科学出版社,2001 年)。

11 陈梦家:《商代的神话与巫术》,收入《陈梦家学术论文集》,中华书局,2016 年。

12 陈梦家:《殷虚卜辞综述》,520 页,中华书局,1988 年。

13 转引自张荣明《中国的国教》,78 页,中国社会科学出版社,2001 年。

14 张亚初、刘雨:《西周金文官制研究》,111 页,中华书局,1986 年。

15 陈来:《古代宗教与伦理——儒家思想的根源》,119 页,生活·读书·新知三联书店,1996 年。

16 王国维:《殷周制度论》,收入《观堂集林(外二种)》。

17 徐复观:《中国人性论史》,26 页,上海三联书店,2001 年。

18 沈文倬:《宗周岁时祭考实》,《宗周礼乐文明考论》,杭州大学出版社,1999 年。

19 张亚初、刘雨:《西周金文官制研究》,148 页。

20 马克斯·韦伯:《社会学论文》,转引自阎步克《史官主书主法之责与官僚政治之演生》,收入阎步克:《乐师与史官——传统政治文化与政治制度论集》,生活·读书·新知三联书店,2001 年。

21 转引自吕思勉《中国制度史》,652 页,上海教育出版社,1985 年。

22 陈梦家:《"王若曰"考》,收入《尚书通论(外二种)》,河北教育出版社,2000 年。

23 李学勤:《史惠鼎与史官传统》,收入李学勤《新出青铜器研究》,文物出版社,1990 年。

24 阎步克:《史官主书主法之责与官僚政治之演生》,收入阎步克《乐师和史官》。

25 参看李学勤《秦律与〈周礼〉》,收入李学勤《简帛佚籍与学术史》,江西教育出版社,2001 年;姜广辉主编《中国经学思想史(第一卷)》第十章"礼与法的相涵与分立",中国社会科学出版社,2003 年。

26 史华兹:《中国古代的思想世界》,361—368 页,江苏人民出版社,2004 年。

27 李零:《数术方技与古代思想的再认识》,收入李零《中国方术考(修订本)》。

28 李零:《先秦两汉文字史料中的"巫"》,收入李零《中国方术续考》。

29 李零:《西周金文中的职官系统》,收入《李零自选集》。

30 陈来:《古代宗教与伦理——儒家思想的根源》,9—10 页,生活·读书·新知三联书店,1996 年。

31 马克斯·韦伯:《儒教与道教》,279—280 页,商务印书馆,1995 年。

32 米沙·季捷夫:《研究巫术和宗教的一种新方法》,收入史宗主编《20 世纪西方宗教人类学文选》(下卷)。

33 郭沫若:《先秦天道观之进展》,收入郭沫若《中国古代社会研究(外二种)》(上)。

34 陈来:《古代思想文化的世界——春秋时代的宗教、伦理与社会思想》,14 页,生活·读书·新知三联书店,2002 年。

35 马克斯·韦伯:《儒教与道教》,248 页,商务印书馆,1995 年。

36 马赛尔·莫斯:《社会学与人类学》,101—102 页,上海译文出版社,2003 年。

37 詹姆斯·弗雷泽:《永生的信仰和对死者的崇拜》,42—54 页,中国文联出版公司,1992 年。

38 埃德蒙·利奇:《作为神话的创世纪》,收入叶舒宪主编《结构主义神话学》,陕西师范大学出版社,1988 年。

39 参看刘翔《中国传统价值观诠释学》,178 页、197 页,上海三联书店,1998 年。

40 参看饶宗颐《巫步、巫医、胡巫与"巫教"问题》,收入《中国宗教史新页》,北京大学出版社,2000 年。

41 参看胡厚宣《殷人疾病考》,收入《甲骨学商史论丛初集》。

42 参看徐莉莉《帛书〈五十二病方〉中巫术医方的认识价值》,收入王元化主编《学术集林》卷十,上海远东出版社,1997 年。

43 关于服食、导引等养生手段的思想由来,参看李零《炼丹术和服食、祝由》、

《出土行气、导引文献概说》和《马王堆房中书研究》等文章(均收入李零《中国方术考(修订本)》),关于道家思想和方术传统的历史渊源,参看李零《道家与帛书》(收入《李零自选集》)。

44 参看恩斯特·卡西尔《人论》"第七章"的有关论述,恩斯特·卡西尔:《人论》,上海译文出版社,1985年。

45 参看许道勋《略论秦汉的"方伎"》,收入祝瑞开主编《秦汉文化和华夏传统》,学林出版社,1993年。

46 关于"气"和"魂魄"说的关系,参看饶宗颐《说营魄和魂魄二元观念及汉代宇宙生成论》,收入饶宗颐《中国宗教史新页》;关于"气"和"神仙"的关系,参看闻一多《神仙考》,收入《闻一多全集》卷三,湖北教育出版社,1994年;关于"气"和天文学的关系,参看席泽宗《"气"的思想对中国早期天文学的影响》,收入席泽宗《科学史十讲》,复旦大学出版社,2003年。

47 史华兹:《中国古代的思想世界》,190—191页。

48 杨国荣:《元气论的思维特质》,收入杨国荣《理性与价值》,上海三联书店,1998年。

49 陈来:《古代思想文化的世界——春秋时代的宗教、伦理与社会思想》,62—66页。

50 徐复观:《中国人性论史》,35—36页

51 马克斯·韦伯:《儒教与道教》,280页。

52 史华兹:《古代中国的思想世界》,352页。

53 参看列维·施特劳斯《野性的思维》"可逆的时间"一章的相关论述(列维·施特劳斯:《野性的思维》.商务印书馆,1987年)。此处译文主要参考了史华兹对施特劳斯思想的理
解(史华兹:《中国古代的思想世界》"相关性宇宙论——阴阳家"一章)。

54 埃德蒙·利奇:《文化与交流》,72页,上海人民出版社,2000年。

55 恩斯特·卡西尔:《神话思维》,251—252页,中国社会科学出版社,1992年。

56 伊藤道治:《中国古代王朝的形成——以出土资料为主的殷周史研究》,74—75页,中华书局,2002年。

57 参看姜亮夫《示社形义考》、《哀公问社辨》等文(收入姜亮夫《古史学论文集》)。

58 参看徐莉莉《帛书〈五十二病方〉中巫术医方的认识价值》,收入王元化主编《学术集林》卷十,上海远东出版社,1997年。

59 爱弥尔·涂尔干、马赛尔·莫斯:《原始分类》,88页。

60 恩斯特·卡西尔:《神话思维》,126—130页。

61 李零:《道家与"帛书"》,收入《李零自选集》。

62 胡文辉《马王堆帛书〈刑德〉乙篇研究》,《中国早期方术与文献丛考》,中山

大学出版社,2000 年。

　　63 李零:《道家与"帛书"》,收入《李零自选集》。

　　64 李学勤《艾兰〈龟之谜〉序言》,收入艾兰:《龟之谜——商代神话、祭祀、艺术和宇宙观研究》,四川人民出版社,1992 年。

　　65 李零:《从占卜方法的数字化看阴阳五行说的起源》,收入李零《中国方术续考》。

　　66 李零:《式与中国古代的宇宙模式》,收入李零《中国方术考(修订本)》。

　　67 李零:《从占卜方法的数字化看阴阳五行说的起源》,收入李零《中国方术续考》。

　　68 恩斯特·卡西尔:《神话思维》,158 页。

　　69 列维·施特劳斯:《野性的思维》,17—18 页。

　　70 鲁惟一等:《剑桥中国秦汉史》,730—731 页,中国社会科学出版社,1992 年。

　　71 参看杨国荣《道论:超验的进路及其衍化》,收入杨国荣《理性与价值》,上海三联书店,2005 年。

　　72 伊利亚德:《神圣与世俗》,86 页、88 页。

　　73 列维·施特劳斯:《社会和人类学科的科学标准》,收入列维·施特劳斯《结构人类学》第二卷,上海译文出版社,1999 年。

第三章　日常生活的神圣化

——一种无神论宗教①的思想史走向

第一节　哲学的乡愁
——"神圣体验"的伦理诉求

　　这里试图讨论的是，对孔子思想的理解多大程度上可以超越它所赖以产生的历史语境及其宗教背景，说得再具体一点，我们到底应该如何理解孔子思想中的超越性内容？罗德尼·泰勒发现，现代学者论述儒学时往往不愿意去考虑其中的宗教感悟方式，这种做法往往将孔子思想歪曲为"灰色的"理论，使它的内容贫乏化了②。或许正是意识到这个问题，余英时才着力强调"中国传统文化并不以为人间的秩序和价值起于人间，它们仍有超人间的来源。近来大家都肯定中国文化特点是'人文精神'，这一肯定是大致不错的。不过我们不能误认中国的人文精神仅是一种一切始于人、终于人的世俗精神而已"[1]。本书以为，孔子思想内在的"宗教性"是其不可分离的一部分，一切试图将孔子思想"祛魅"或者说"现代化"的做法，其结果都无非是对孔子思想的矮化。如果对孔子本已着力不多的"天"及"天命"概念取一种"存而不论"的暧昧态度，那么一部《论语》真如那个刻薄的德国老头所说的那

---

　　① 　在这里把"儒学"称作"无神论宗教"非为故作惊人之语，这一说法既无非拾人牙慧，也和本文论述大有关系。当代宗教史学界多认为宗教与非宗教的区别不在有神无神，比如涂尔干就曾以佛教为例证明无神论的宗教完全是可能的（涂尔干：《宗教生活的基本形式》，34—41页，上海人民出版社，1999年），蒂利希也一直强调只能以"终极信仰"之有无作为宗教判断的唯一标准（参看张志刚《宗教文化学导论》，224—226页，东方出版社，1996年）。就儒家思想而言，新儒家始终强调儒学的"宗教性"，杜维明并有专书讨论这一问题（杜维明：《论儒学的宗教性》，武汉大学出版社，1999年），安乐哲也以"无神论宗教"来指称儒学思想（安乐哲：《礼与古典儒家的无神论宗教思想》，收入《和而不同：比较哲学与中西会通》，北京大学出版社，2002年）。另外，本书所有《论语》、《孟子》的引文及其章节标识均采自杨伯峻《论语译注》（中华书局，1980年）和《孟子译注》（中华书局，1960年），以下不赘注。

　　② 　罗德尼·泰勒：《儒学的宗教内涵》，转引自安乐哲、郝大维《汉哲学思维的文化探源》239页，江苏人民出版社，1996年。芬格莱特也注意到了这个现象，他发现许多孔子思想的现代诠释者都希望更为"同情"地解读孔子，他们往往竭力淡化《论语》中实际上不可约化的神奇魅力（magical power）和奇迹的思想成分，或者以各种方式对其进行消解，或者干脆把它看作一种不可理喻的思想局限（赫伯特·芬格莱特：《孔子即凡而圣》，4—6页，江苏人民出版社，2003年）。在这个问题上走得最远的据我所见到的当数李泽厚，他甚至提出《论语》中"天道"、"天命"的说法与其说是一种必然性，还不如说是对于某种必然性的信念，究其实际无非为自己"壮胆"而已（参看李泽厚《论语今读》373页的有关论述，安徽文艺出版社，1998年），只是这种近乎诛心之论的臆断显然已经超出思想史研究合理想象的范围。

样，只是些"善良的、老练的、道德的教训"[2]而已。不过对孔子思想"宗教性"内容的误解常以另一种面貌出现，这里主要指的是现代新儒家惯以"天人合一"思想把自孔子以降的儒家思想一网打尽的武断作风[1]。关于"新儒家"的讨论已经超出了本书的范围，不过从《论语》看来有一点应该是很明确的，即"天人合一"对孔子来说应该是个很陌生的想法，在孔子那里"天"始终是一个有别于"我"的"他者"，如果对此种差别视而不见的话，无论是对孔子还是对孟子的理解只怕都会谬以千里。

孔子之"天"的具体内涵容或有可争议之处，但从《论语》来看，孔子对"天"的虔敬态度却是不容置疑的。但孔子在保留对"天"传统敬意的同时又尽量回避对"天"的定义，对现成的实体之"天"的回避，既是思想传统的惯性使然[2]，又可以视为一种

---

① 杜维明曾有专书讨论"儒学的宗教性"，在他看来："儒学的宗教性是从'终极的自我转化'这个短语出发的。"（杜维明：《论儒学的宗教性——对〈中庸〉的现代诠释》，136 页，武汉大学出版社，1999 年）。"新儒家"一派惯用"儒家"或"儒学"字眼把孔孟荀之间显而易见的思想分歧轻松化解，所谓"终极性的自我转换"、"内在超越"或"儒学的宗教性"都无非"天人合一"的现代表述而已。余英时以及其他新儒家都强调孔子并没有切断人间价值与其超越性源头"天"的联系（余英时：《从价值系统看中国文化的现代意义》），这一点自无疑问，只是对"天"的敬畏和"天人合一"思想还是相去甚远，实不知孔子为"天人合一"始作俑者的说法据何而云。刘述先就曾试图解决这个问题："如果我们仔细省察《论语》的材料的话，就会发现孔子决不是一个寡头的人文主义者，天始终是他所归向的精神泉源。所以虽然他还没有用'天人合一'这一类的词语，但这的确反映了他的基本思想与体验的特征"、"总括来说，孔子所展示的确是一种既内在又超越的形态。他多数关心的是在内在的一面，但无论道德政事，到处弥漫着超越的背景。虽然他没有用'天人合一'的词语，他无疑是属于这一思想的形态"。遗憾的是，他并没有给出任何足以支持自己论点的说明，只是含含糊糊地推测"大概是因为学生的程度不够，所以孔子不大愿意多讲这一个题目，而并不是因为孔子对于这一方面没有一定的看法"（刘述先：《"两行之理"与安身立命》，收入《儒家思想开拓的尝试》，中国社会科学出版社，2001 年）。孔子似乎已经预见到身后被误解的命运："二三子以我为隐乎？吾无隐尔乎。吾无行而不与二三子者，是丘也。"，这就足以提醒我们对后世谬托知己的过度阐释要保持足够的警惕。新儒家何以如此青睐"超越"，李明辉透露了其中机关，"当代新儒家之所以特别强调儒家思想中的'内在超越性'，主要是为了澄清黑格尔以来西方人对中国文化（尤其是儒家思想）的一种成见"（李明辉：《儒家思想中的内在性与超越性》，《当代儒家的自我转化》，中国社会科学出版社，2001 年），新儒家对儒学"内在超越"思想对于当下世界性信仰危机的疗救功能更是怀有绝对的信心，他们相信寻求举世认同的价值"对于儒家传统来说毫不成问题"（刘述先：《世界伦理与文化差异》，收入《儒家思想开拓的尝试》），不过对孔孟之间如此显见的区别报以如此轻佻的态度，无论其曲线爱国、曲学救世的初衷何其善良可敬，说来至少是一种学术的不诚实，对孔子来说也是不公正的。孔子两千多年以前感叹"古之学者为己，今之学者为人"，看来真是一语成谶了。

② 孔子对"天"的虔敬态度自无疑问，这一点从《论语》的相关论述（如"获罪于天，无可祷也"和"知我者，其天乎"等等）中都可以见出，但孔子一再强调"必也正名乎"，却又始终回避对天的直接论述，这一点深足奇怪，其原因或许和中国人的信仰传统有关。"天"在孔子接受的周文化中有着举足轻重的地位，但从殷商以来就不曾有过将"帝"或者"天"实体化或者位格化的宗教传统，这一传统更为强调"天"、"人"之间相互依赖和相互确认的过程性，安乐哲通过和西方"神性"概念的比较，把中国文化传统中"超越者"的"过程性"和"人间性"分别命名为"事件的本体论"和"内在论的宇宙"（关于"事件本体论"问题，参看安乐哲《中国式的超越和西方文化超越的神学论》一文，收入安乐哲《和而不同：比较哲学与中西会通》；关于"内在论的宇宙"，参看郝大维、安乐哲合著的《孔子哲学思微》4—8 页相关论述，江苏人民出版社，1996 年），对于中国古代"天"不可作为知识对象的根本特征，张祥龙也有类似的评论（参看张祥龙《东西方神性观比较——对于方法上的唯一宗教观的批判》，收入张祥龙《从现象学到孔夫子》一书）。对这一传统，孔子显然要比后人有着更为会心的切身体会。

回避"合理信仰困境"的理论策略①。从《论语》可以见出,孔子对"天"和"鬼神"存而不论的态度引起孔门弟子的一再关注,这就说明对这类"形而上学"和宗教问题的讨论在当时已是很普遍的现象,故而孔子在他数十年的讲学生涯中表现出的一以贯之的沉默和回避态度应该是有重大含义的。张祥龙认为,孔子正是在痛切认识到当时"礼崩乐坏"的思想处境中"合理信仰的困境",才开始形成自己的"仁学"学说的。他认为孔子所极力回避的正是那种把某种"终极者"(比如"天、道、神、性"等等)作为实在和现成的把握对象所导致的"过与不及"的固执,他回避的只是信仰的现成性和断定的方式,而不是这种信仰所带来的"神圣体验"②。安乐哲发现《论语》"天"的形象"显然是个有意识、有目的、拟人的神。但并不能由此推出,'天'等同于西方的'神'。相反,当注意到二者之间深刻的差异时,它们之间的相同便黯然失色了。这些差异首先集中在西方的神的绝对超越性和'天'的绝对内在性之间的对立上,其重要原因之一是,孔子的'拟人的'概念中的'人'和西方的'人'完全不同"[3]。这也许提供了一个进入孔子思想的有效途径,这么说的理由在于,在孔子那里天的"非现成性"和他着力甚多的人的"未完成性"正好构成了绝妙的呼应。

由传世文献看,孔子身前身后主要有三种人类观:一是以"生之谓性"为代表的自然主义人类观,一是"科学主义"的魂魄观,一是孔子始终坚守的社会学意义上的人类观。即便在儒家内部,孔子和子思子、孟子等人的人类观也存在很大的分歧,最为根本的差异在于,和他们对人的自足性的强调相比,孔子更突出了人的"未完成性"。在孔子"仁学"结构中,人的"未完成性"至少表现为两个层面的内容:一是从共时性角度看,儒家的"人"与其说是一个自足的实体,毋宁说是一种功能性的关系集合体,安乐哲称之为"焦点—区域式"的"自我"概念,即"由特殊的家庭关系,或社会政治秩序所规定的各种各样特定的环境构成了区域,区域聚焦于个人,个人反

---

① 所谓"合理信仰",近乎康德所谓把宗教置于"理性的范围之内"的做法,这种哲学思考把宗教关怀看作一种理性需要或者说是被合理性所保证和支持的东西,它进而把宗教意识的对象看作是对这种理性需要的合理感知。之所以把孔子和康德联系起来,是因为在孔子的仁学思想中确实存在一定程度的"合理信仰"的成分,保加利亚学者米罗斯拉夫·马林诺夫也看出康德对于宗教本质的态度和孔子有极相近的地方,他认为"孔子的想法是用宗教礼节为基础,使世界全面地神圣化,去治理好世界"(米罗斯拉夫·马林诺夫:《在孔子学说里宗教是一个调整原则》,收入《孔子诞辰2540周年纪念与学术讨论会论文集》中册,三联书店上海分店,1992年)。孔子把"天"和"他人"相对(于我)地绝对化和神圣化,却并不提供任何知识上的论证,适以证明孔子仁学之所以要保留超越者的存在,既非出于纯粹理性之必然,也非出于经验之实然,而是源于情感之应然,换言之,孔子试图保留的并非某种已被历史证明为不合理的宗教,而是一种我们生活中不可或缺的合理的宗教感。不过这种逻辑和理性上的应然一旦要求获得实然或必然的证明,也就是说试图转化为某种"客观知识"时,必然会陷于无可自拔的理论悖论之中,即如果对于"上帝"的信仰是以一种绝对"断定"的形式出现,这种神学和哲学的断言便无任何思想真诚可言;而一旦让这种神学命题接受人生经验的检验,又会将这一信仰置于随时被否证的危险之中(关于这一悖论问题的详细讨论,参看:A.福路、R.M.哈里、巴塞尔·米切尔:《证伪讨论》,收入刘小枫主编《20世纪西方宗教哲学文选》中卷,上海三联书店,1991年)。相信孔子对"合理信仰的知识困境"这一说法一定有会心处,所以他在对禹"菲饮食而致孝乎鬼神"(8.2)的行为大表欣赏的同时,对子路一定要深究其所以然的理性作风(11.12)却难表同情。

② 张祥龙把孔子的"知天命"、"畏天命"理解为一种现象学意味的进入当场"构成"的"境域"的体验形式(参见张祥龙:《"合理信仰"的困境与儒家的"中庸至诚"》、《现象学的构成观和中国古代思想》,张祥龙:《从现象学到孔夫子》,商务印书馆,2001年)。现象学是否适用于孔子思想,是一个见仁见智的问题,不过就孔子乃至中国文化传统中"天"和"道"等超验内容的"非现成"、"非实体"的倾向而言,和现象学确有可以相互发明的地方。

过来又是由他的影响所及的区域塑造的。……他将作为焦点的个人与他将要造成的、反过来又被其塑造的环境融为一体"[4]。二是从历时性的角度看,"未完成性"强调"人之为人"是一个无止境的修身过程,一个通过"立己"、"成仁"而实现其自身所有可能性的学习"做人"的过程,"仁"既表现为"人之为人"的底线("仁远乎哉?我欲仁,斯仁至矣"、"吾未见力不足者"),也是一个永远无法抵达的终点("曾子曰:士不可不弘毅,任重而道远。仁以为己任,不亦重乎?死而后已,不亦远乎?"),大致说来,这两个方面的内容合在一起构成了孔子"仁(人)学"的主要内容,孔子屡屡以一个"成"字言及"做人"("成于乐"、"成仁"、"成人"),正可见出孔子对人之"未完成性"的重视和焦虑。

说《论语》第一次赋予了"仁"概念丰富的内涵和显著的地位,应该是没有疑问的。但是关于"仁"的意义阐释却存在着两种截然相反的观点。传统看法倾向于把"仁"视作内在的德行,自孟子、朱熹直到当代新儒家几乎都持这种看法[①]。而芬格莱特则认为"仁"学的心理学解释传统主要来自于佛教和西方基督教的误导,他首先要求从"外部"而不是"内部"来理解"仁"。在他看来,"仁"首先是一种社会性活动,换言之,"仁"不过是一种"掌握了礼所要求的行为技巧之后"内在力量和外在气质的自然呈现[5]。这两种说法都很有道理,不过从《论语》一书有关"仁"的描述看,孔子始终强调"仁"的自律性,"为仁由己,而由人乎哉","仁远乎哉?我欲仁,斯仁至矣",和芬格莱特的观点不一致的,是"仁"确实涉及"态度、感觉、意志和希望"

---

① 牟宗三认为:"在孔子,仁也是心,也是道,虽然《论语》中并没有讲到'心'字"(牟宗三:《心体与性体》,188页,上海古籍出版社,2000年),徐复观认为"仁"代表了由孔子首先开辟的一个人格内在的世界(徐复观:《中国人性论史》,61页,上海三联书店,2001年),杜维明也认为"'仁'是一种内在的原则,'内在'即指'仁'不是从外部获得的品质;……仁是一种内在的道德,而非由外部的'礼'产生的"(杜维明:《仁和礼的新冲突》,收入《杜维明文集》,武汉出版社,2002年),冯友兰和李泽厚等学者基本上都持相近的观点,兹不赘述。需要说明的是,他们基本上都是依据孟子的观点来理解孔子,或者说是把儒学视为一种不存在内部冲突和断裂的思想连续体,这也可以说明他们为什么都要在孔子那里努力发掘有关"心"、"性"和"终极转换"等实际上并不存在至少不那么重要的微言大义。还有一点需要说明的是,杜维明原来认为"仁从根本上说,不是一个人类关系的概念",但后来他却基本上依据芬格莱特的说法修正了他原来的观点(参见杜维明:《「论语」中的"仁":一个能近取譬的不朽观念》,收入《儒家思想新论——创造性转换的自我》,江苏人民出版社,1996年),当然在文章结尾他还是相当骄傲地指出,在某一个细节问题上他还是坚持自己的原有立场。

一类的"主体性"内容①。但"仁"又确实表现为一个关系概念,《说文》分析"仁"字为

---

① 史华兹注意到《论语》一书中有关"心"的用法之后,对芬格莱特提出批评:"'心'这个范畴很容易转化为'内在'事物的比喻,可是它居然完全不见于芬格莱特的大作,注意到这一点是令人吃惊的"(本杰明·史华兹:《古代中国的思想世界》,191页,江苏人民出版社,2004年)。孔子仁学确有主体性一类的内容,但史华兹把它落实在"心"上的批评未免流于皮相,《论语》"其心三月不违仁"中的"违"正可看出"心"这种盲目的先天自然力量对于人为控制——在《论语》中称为"仁"和"志"——的抗拒。孔子许可颜回"其心三月不违仁"为一种极难得的道德境界,并对"其余则日月至焉而已矣"表示出失望之情,可以看出道德修为的成果正体现在"仁"对于"心"的控制时间和强度上,显见得"仁"本非我之固有,只是外部强制的自觉和内化而已,史华兹一定要把"心"理解为"仁的处所"是没有什么根据的。孔子把"从心所欲不逾矩"看作一生修为的最高境界,更可以见出"从'心之所欲'"的危险。由此看来,孔子那里的"心"还属身体层面的东西,和所谓"主体性"差得很远。从孔子的"心"到孟子的"本心",还要经过郭店楚简以及《管子》"四篇"这样一个漫长的思想史过程。不过这不等于说孔子那里不存在"主体性"的内容,比如孔子说"欲"有两义,"我欲仁斯仁至矣"的"欲"是一义,"多欲,焉得仁"的"欲"又是一义,同为"意志"、"欲望"一类的内容,其结果大相径庭,自然是由于"欲"的发出者不同所致,而这就牵涉到孔子"自我"结构内部构造的问题了。在我看来,孔子"自我"结构内部存在三个层面的内容:有机体的自我、社会角色的自我和意义采择者的自我(说详后),而第三个"自我"大略相当于"主体性"的意义,只是它在孔子这里还是一个由"外铄"而来的功能性概念,只是到了孟子以及孟子以后才开始被实化为"心"体之用的。

"从人从二"①，清代阮元就曾注意到这个问题："春秋时孔门所谓仁也者，以此一人，与彼一人，相人偶尔尽其敬礼忠恕等事之谓也。凡仁必于身所行者验之而始见，亦必有二人而仁乃见。若一人闭户齐居，瞑目静坐，虽有德理在心，终不得指为圣门所谓之仁矣。"孔子提出"夫仁者，己欲立而立人，己欲达而达人"，"仁"同时就包含了"立己"、"达己"和"立人"、"达人"这样内外两个向度，就其内向而言，仁是"克

---

①　郭沂认为："有一种至今仍很流行的、用字形构造来解释孔子的仁的方法，谓：人二为仁，即仁在二人以上才可发生。此说本之《说文》。这种观点不但不科学——仁字造字的时代大大早于孔子，仅从造字来发掘其意蕴，实难以表达孔子之思想；而且也难以自圆其说——它对仁的后两个层次尚可适用，但如何解释仁的第一个层次呢？'殷有三仁'之仁都是他们个人的事情，并非人与人之间的热爱啊！"他从郭店楚简从身从心的"仁"字得到启发，认为"仁"的"意思是人心对生命的热爱，……此字的意蕴同笔者对孔子仁学的解释完全一致，实得'仁'之真义"（郭沂，《郭店楚简与先秦学术思想》，572 页，上海教育出版社，2001 年）。本书不取郭先生的观点，理由有四：第一，《说文》观点"科学"与否无关乎此处讨论，《说文》在此至少提供了一则很有价值的历史材料，说明在汉代以前就曾经有过把"仁"理解为"人与人之间的关系"的主流看法；第二，理解孔子之"仁"，最可靠的办法还是回到《论语》，并没有必要一定追溯到"仁"之本形本义，孔子仁学之为仁学就在于他对传统"仁"的改造和发挥，孔子之"仁"不同于上古之"仁"，楚简之"仁"自然也不同于孔子，其实不独"仁"字，其他诸如"心"、"性"、"情"、"志"等概念的历史沿革莫不如此；第三，郭沂认为"仁"有三个层次：对自我生命的珍惜和尊重、对父母兄弟的热爱、对所有人的热爱（同上书，568—572 页）。这种看法并不新鲜，一则受到孟子"老吾老以及人之老，幼吾幼以及人之幼"的"推"、"扩"、"充"观念的影响，一则受到李泽厚等人"以仁释礼"，并把"仁"建立在血缘基础的自然情感之上——即"情（自然情感）—仁（道德情感）—礼（社会约束）"模式——的思想影响（参看李泽厚《孔子再评价》，收入李泽厚《中国古代思想史论》，天津社会科学院出版社，2003 年），对这个问题的讨论详见后文，不过在此不得不预先说明，本书不认可郭先生以"仁"为"人心对生命的珍惜、热爱与尊重"（570 页）的看法，也不认为"仁"源于"内心的反省功能"（573 页），是一种"内心的要求"（575 页），孔子对自然生命的态度如《论语·卫灵公》章"杀身成仁"和《颜渊》章"去食"节（说详后文《论语》的"身体观"），孔子的"心"也不具备道德判断和反省的功能（说详后文"原'心'"），至于把基于血缘心理的自然情感"爱"视为"仁"的心理基础，更是绝大的误会，孔子论"孝"强调的是"敬"而不是"爱"，如果说《论语》有一个一以贯之的情感线索，那就是"敬"。从孔子之"敬"到孟子之"爱"（亲子之爱），郭店楚简（如简书《五行》、《语丛一（物由望生）》、《语丛二（名数）》等）是一个重要的环节，对此不可不察；第四，郭文以"殷有三仁"证明"仁"无关乎他人更没有什么说服力了，《论语·微子》载："微子去之，箕子为之奴，比干谏而死。孔子曰：'殷有三仁焉'"，孔子论礼有言："君君，臣臣，父父，子子"，在孔子看来，这三者的行为都涉及对于一个相对于我（臣）的"不合格的他者"（无道之君"纣"）的正确而合理的态度，所以孔子许为"仁"，此处的"仁"怎么能说是与他人无关呢？（关于"殷有三仁"的讨论，可参看伍晓明《吾道一以贯之——重读孔子》215—216 页的论述）孟子也有所谓清者、仁者和时者的说法，不过在他那里无非是泛泛之论，其中并无深意，孟子主要还是强调圣人和圣人、圣人和天的同构性，所谓"三圣"亦无非由人到神的阶段性成果而已，这和孔子"殷有三仁"的观点大有分别。一定程度上说，对"殷有三仁"的理解可以说成是孔子仁学的要紧处。本以为，孔子仁学的关键词就是"意义"，礼存在的价值就在于在我和他人之间建立起一个有意义的联系，从而把我从一个无意义的自然生命提升为一个有意义的社会存在。就我而言，礼是一个意义模具，这正是《论语》说"如切如磋，如琢如磨"的意思；就我和他人之间的关系而言，礼又是一个有意义的交流和表达的符号体系，这就是《论语》说"恭而无礼则劳"和"事君数，斯辱矣；朋友数，斯疏矣"的用意所在。仁和礼的关系一般多理解为内容和形式的关系，当然这从《论语》"礼后"以及"礼云礼云，玉帛云乎哉？乐云乐云，钟鼓云乎哉？"的说法中也可以说得通，不过这很容易导致对仁学的狭隘化和简单化的理解，论及此处，我们自然不能忽视《论语》中还有一种"无礼之礼"的存在："子入太庙，每事问。或曰：'孰谓鄹人之子知礼乎？入太庙，每事问。'子闻之，曰：'是礼也。'"孔子不承认会有某种私人性的道德情感和道德意识存在，他相信每一种"德性"首先必须要表现为"德行"才能被接受为"德性"，即所谓"不践迹，亦不入于室"的意思，这种表达、交流和接受自然不能脱离"礼"这样一个约定俗成的意义符号系统的介入。但是"礼"并非既有规范的总和，在孔子看来在形式"礼"的背后还有一种"礼"的真精神在，这就是为什么会有"无礼之礼"，甚至在某些极端语境中"违众"和"违礼"也可以视为礼的原因。在这个意义上说，仁和礼的关系与其被理解为内容和形式的关系，不如说是一种"言语和语言"（参看索绪尔《普通语言学教程》28—42 以及 115—116 页有关语言和言语关系的讨论，索绪尔：《普通语言学教程》，商务印书馆，1980 年）的关系。孔子轻易不许人为仁，这里说"殷有三仁"，看重的正是他们"无礼之礼"的可贵，在意义盲点生产出意义的创造性，而这种创造性正是"礼"的精神和生命所在。

己"、"洁己"、"修己"、"恭己"、"行己";就其外向而言,仁是"恭"、"敬"、"信"、"惠"、"忠"、"恕"、"爱人"、"己所不欲,勿施于人"。这样看来,只有把"仁"理解为既是外部的又是内部的,才合乎孔子论"仁"之本义。

这种既内在又外在的"仁",在伍晓明看来,属于两个不同层面的内容,即一个作为人我之间"关系"而存在的"仁",和一个有待于实现的"仁",这一个"仁"表现为无条件的伦理要求:人应该仁而且必须仁。他认为:"仁的这两个层次或者这两个层次的仁在某种程度上互相依赖。没有作为人我之间的这一'之间'本身的仁就不可能有任何真正的对于我的伦理要求,而没有我致力于实现仁这一伦理要求也不可能有真正的仁或者仁之作为人我伦理关系的维持。在某种程度上,这两个层次的仁相互纠缠正是孔子的仁之为什么如此难于被我们'把握'的原因之一。"[6]这两个层面的"仁"之间的关系,用秦家懿的话说就是:"儒学的伟大贡献是能在相对中发现绝对——即在相对的人际关系中,发现绝对的道德真理。"[7]不过按照现代学科分类的观点看,作为人我之间"关系"的"仁"和作为绝对命令的"仁"属于不同层面的两个问题,那么孔子仁学又是如何从"相对"的"关系"合乎逻辑地推导出"绝对"的伦理要求呢?换言之,对人我之间关系的认识发生在主体"我"的内部,而对主体我的伦理要求"仁"却并非我之内在固有的,那么内和外、我和非我之间的界限是如何突然消失的呢?或许这个问题对于孔子来说根本就不成其为问题,因为在孔子那里个体固然是真实的,但个体绝非存在于一个孤立的"主体我"之内,而是置身于一种无限绵延的整体性关系之中。弗朗索瓦·于连把儒家思想里的这种"非个人主义"的"个体性"称作一种"通个体式"的个体观,它把人类生存看作一个自内沟通、互相感动的整体,"于是在欧洲这边成问题的东西,到了中国那边就不成问题了;因为个体的我不是被设想成一个实体型的主体(自主先验的),我无需追问自己如何能'走出去';而由于他人不是被当作一个物体放在我的意识的对面,我也便不用再追问自己如何能与他'认证'(比如通过想象力或认识力等能力)。心理学上的许多矛盾也就迎刃而解(像直接与间接,自我与他人)"[8]。于连先生指出的这种东西方差别,用海德格尔的话说就是两种"人在世界中"的差别,即一种现成的"主—客"式的"在",和另一种非现成的"此在和世界"的"在"[①]。

循此问题深入下去,我们自然会涉及作为孔子仁学基础的基本预设,即"关系

---

① 参看张世英《天人之际——中西哲学的困惑与选择》,3—5页,人民出版社,1995年。不过张世英把东西方对天人(人和世界)问题的不同理解简化为"主客二分"和"天人合一"的区别,这一看法值得商榷。余英时认为中国古代的天人关系是一种"不即不离"、"若即若离"的关系(余英时:《从价值系统看中国文化的现代意义》),这一点已是学界的共识,把中国古代不同思想流派不加区分地一概称作"天人合一",这种简洁明快的作风固然痛快,但也未免把东西方文化差异以及中国思想史的分歧都看得简单了。儒道在"分与合"的价值判断上的分歧就不用说了,仅就儒家而言,孔子"和而不同"的观点就和孟子"万物皆备于我"及"上下而与天地合流"的看法就有很大的区别,更不用说荀子"明于天人之分"这种曾经比较主流的思想了。所以,我认为在强调中国"天人合一"的"合"的同时,不能忽视了中国文化中"分"、"离"的一面,仅就天人问题而言,我以为安乐哲"概念的两极性"(安乐哲、郝大维:《孔子哲学思微》,9—12页)的提法还是比较有分寸的。这种天和人的"两极性"也正是道家所谓"道不离物",儒家思孟一派所谓"尽心知性以事天"及《易传》所谓"易行乎其中"的意思,这一现象能否一概理解为"天人合一"是个见仁见智的问题,但其中区别自然也不能忽视。

大于实体"以及由此衍生出来的"社会（他人）先于个人"这两个人类学命题。"社会先于个人"首先表现为一种时间上的"在先"。孔子"人（仁）"学潜藏了一种"我"和"他者"之间的吊诡关系：不区别于他者，独立于他者，就不会有我；但是离开他者，独立于他者，也不会有真正的我。那么是"我"的存在是"他人"出现的前提，抑或是相反，这本是一个形式逻辑的问题，在孔子这里却具有某种"元伦理学"的意味。在孔子看来，这个问题的答案是显而易见的，因为父母就是每一个"自我"先天的第一"他者"，也是"我"存在的自然前提。孔子多次强调"三年然后免于父母之怀"，这种无可逃避的伦理债务也正是我对父母一辈子无可豁免的伦理责任。作为"我"无可选择和回避的"他者"，父母可以理解为一切对我有意义的他人的"原型"，我和父母之间的伦理关系因而也具有了某种成人礼的意味，孔子说："弟子，入则孝，出则弟，谨而信，泛爱众，而亲仁"，每一个个体都是通过和父母这一最为原始自然的"他者"开始学习"做人"的，这也正是《论语》赋予"孝"以"仁之本"[①]这样一种特殊地位的原因。孔子仁学里面"社会先于个人"的意义还表现为一种逻辑上的"在先"。孔子屡屡言及"成人"，显然他认为游离于社会关系之外作为自然"人"的我还不足以称为"人"。在孔子仁学体系中，绝对的"我"只是个空洞的能指，"我"只有通过我的具体的社会身份和角色，比如"儿子"、"丈夫"和"父亲"、"朋友"、"臣子"，只有通过和与"我"相对待的"他人"的交往中才能获得我之为我的意义和价值。在这种整体性的社会共同体中，每一个独立的个体都是没有意义的，这就有点类似于结构主义者所说的语言结构，在这个先在的结构中只存在"没有肯定项的差异"，每一个词汇的意义只有通过和其他词汇的组合——即通过言语——才能得到历史性的确定[9]。这个有意义的结构就是先于每一个人而在的"礼"，礼产生于差异，认可我和他人的差别，规定了我和他人的差别，并赋予这种差别以意义。《荀子·非相篇》说"人道莫不有辨。辨莫大于分，分莫大于礼"，《中庸》认为"亲亲之杀（差），尊贤之等，礼所生也"，说的都是这个道理。孔子认可子夏"礼后乎"的判断，只是这个"后"是"后于仁"而"先于人"，因为只有通过礼，我才能真正地面对他人，理解我和他人之间的距离，通过礼我才能和他人发生真正意义上的"关系"，才能通过我的行为使得他者成为他者，使我成为一个有意义的我，这正是孔子强调"立于礼"，"不学礼，无以立"的真正含义。"他人先于我"的另一个意义还在于，只有面对他人我才能真正地认识自己，只有走出"自我中心"的无知和骄妄，才能真正地认识自己，即"见贤思齐，见不贤而思自省"。

回到前面提出的问题，为什么对人我之间关系的自觉必然导致我对他人的伦理责任和义务呢？那是因为在孔子看来，一个能够把人我"关系"作为认识和思考对象的人已经是社会化的人了，一个从自然混沌的一体化中摆脱出来的文明的人，

---

① 《论语·学而》："其为人也孝弟，而好犯上者，鲜矣；不好犯上，而好作乱者，未之有也。君子务本，本立而道生。孝弟也者，其为仁之本与！"在《孝经》中"孝"更是被进一步描绘成"天之经"、"地之义"、"德之本"和"教之所由生"者。

一个可以从世界获得意义和价值的人。在这个意义上说,孔子和庄子、孟子的区别很大程度上就来自于对"天人分途"、"人我之间"的"分"的分歧。《齐物论》说"分者,成也;成者,毁也",郭店楚简《五行》篇有这样的表述:"不远不敬,不敬不俨,不俨不尊,不尊不恭,不恭亡(无)礼",又有"以其外心与人交,远也;远而庄之,敬也;敬而不懈,严也;严而畏之,尊也;尊而不骄,恭也;恭而博交,礼也"的说法。就对分与合的价值判断而言,孟子和孔子的差异比跟庄子的差异更大。在孔子看来,人我之别以及天人之别正是人从蒙昧的一体化自我中走向文明的前提,区别不同于自闭,而是为了在我你之间、天人之间建立起有意义的本质联系。孔子说"仁"是"爱人","知"即"知人",一切看上去内在于我的德性、智慧和理性都来自于他人,来自于我和他人的社会交往。孔子不承认有任何自然的道德情感,也不相信任何私人性的道德意识,他说:"恭而无礼则劳,慎而无礼则葸,勇而无礼则乱,直而无礼则绞。",不中绳墨,不落规矩的"恭、勇、慎、直"充其量只是一种先天气质和盲目力量,它们甚至有成为道德反面的危险。黑格尔认为:"自我意识只有在一个别的自我意识里才获得它的满足,……它才是真实的自我意识。"用伽达默尔的话说:"我们自己的自我意识只有通过被他人承认才达到它的自我意识的真理。"[10]孔子一定会欣然赞同这样的说法,因为在他看来,正是他人(社会)才我之为人——从一个无意义也无责任的自然生命向一个具有道德和理性的社会个体的转化——的前提,"我"只有在他者的召唤下,只有通过对他者的开放,才能成为自己、认识自己和超越自己。这样看来,作为伦理要求的"仁"之所以是内在的,是因为"仁"只有通过"自我"对这种内在于自我的伦理要求的自觉体认和承担才可以成为"德性",而"仁"之所以是外在的,是因为社会化的德性始终依赖于在特定语境中可以为人理解和接受的表达,而人的自我实现只有通过对这种伦理关系的实现才得以完成。"社会先于个人"被转化为"社会优先于个人",时间和逻辑上的"在先"转化为价值上的"优先",这就是孔子仁学的秘密。在这个意义上说,孔子仁学的预设前提就是对社会(他者)的神圣化,用伍晓明的话说就是,"对于我们这个所谓'一个世界'的传统来说,对于一个人伦关系和日用伦常几乎就是'一切'的传统来说,他人本身就是某种意义上的超越,某种不会被'神'化但又确实高高在我之上的超越"[11]。

一个有意义的人也就是对社会和他人开放的人,甚至包括最具私人性和物质性的身体也不能例外。从《论语》来看,孔子对人的定义大致可以这样一个公式来表达,即"人=仁+(知)+身"。《论语》多有"仁"、"知"并论的用法,不过孔子之"知"指的主要是一种价值理性,用后世儒家的说法就是一种不同于而且高于"见闻之知"的"德性之知",也就是说"知"的问题主要还是依附于"仁"的问题①。孔子论

---

① 北宋张载《正蒙·大心》指出儒家区分"见闻之知"和"德性之知"这两种知识:"见闻之知,乃物交而知,非德性所知。德性所知,不萌于见闻"。孔子的"学"多就"德性之知"而言(如"贤贤易色;事父母,能竭其力;事君,能致其身;与朋友交,言而有信。虽曰未学,吾必谓之学矣"。),其价值也高于"见闻之知"("行有余力,则以学文")。在《论语》里面多有"仁知"并提的例子,不过这种"德性之知"还是附属于仁的,这两种"知"的关系倒是比较接近于韦伯所谓"价值理性"和"工具理性"的区别。

"仁"多就学生提问而随机指点,但在孔子不同的描述和阐述中有一点却是被清晰地揭示出来,那就是"仁"无一例外地涉及他人、指向他人,或者说"仁"就是在社会交往过程中对待他人的正确方式。《论语》记载:"子路问君子。子曰:'修己以敬。'曰:'如斯而已乎?'曰:'修己以安人。'曰:'如斯而已乎?'曰:'修己以安百姓。'"每一种对己的"德"都必然地指向了他人。高桥进把《论语》一书中作为"仁"的不同表现的诸种德性区分为以言、行、忠、信为主的和自我相关的德和以义、礼、和为主的对他人的德,但是他发现即便是"对己"的德也必须和"对他"相通并为对方所接受时才能称作"德",即所谓"从停留在忠信的自己处出发,迁移至义,进而自己向着'被他所开发的自己,在对他的关联中的自己'转化,即通过'对己的'向'对他的'转化,实现孔子所说的德"[12]。在孔子看来,"我"不同于一个蜷缩在身体里的动物,就在于"我"是一个社会关系中的存在物,是一切有意义的伦理关系的结合体。一个自觉的社会人——"自我"——的出现必以对人我之间关系的自觉为前提的,自我在意识到自己和他人区别的同时,更能意识到自我和他人本体论的联系,能意识到他人不仅在我之外,更在我之内。高桥进论及对"自我"的德何以必然地要转化为对"他"的德时也触及了这一根本问题:"我与汝虽在决定性意义上'断绝'的,但由'恕',即相互间'以我而推量他',将越过这一'断绝'的深谷进入相互关联之中。……人伦的世界常常归根结蒂回归于我与汝,而我与汝又由于'尽己'和'推己'包含他,进入互相包括的关系之中。自与他,在这里才开始由单的'在的存在'往'成的存在'变化,成为道德的、伦理的存在(君子)。"[13]孔子的身体观同样也体现了这种把自己向"他人"开放的伦理要求。纯粹的"肉身"在孔子仁学思想中的地位不高①,至少在《论语》一书中看来如此。孔子对身体的轻视有时甚至达到少见的偏执程度:"子贡问政。子曰:'足兵,足食,民信之矣'。子贡曰:'必不得已而去,于斯三者何先?'曰:'去兵'。子贡曰:'必不得已而去,于斯二者何先?'曰:'去食。自古皆有死,民无信不立'"。不过孔子强调的"修身"自然也包括了身体在内,"六艺"提供了一种从自然人到社会人的转化途径,这种转化也包括了具体到举手投足的身体训练。《论语·乡党》全篇对孔子在各种场合身体姿态的玩味和欣赏都表明一

---

　　① 杜维明认为:"从《论语》里的问答,我们可以认识到孔子所关怀的问题是以活生生的有血有肉的人为基础的。……站在比较宗教的立场,身体在儒家思想里确有崇高的地位"(杜维明:《从身心灵神四层次看儒家的仁学》,收入《杜维明文集》第五卷,武汉出版社,2002年)。杜先生或许没有注意到"身体"在孔子思想的两重性,除了生理层面的身体,即杜先生所说的"活生生有血有肉的人"之外,还有一种社会交往意义上的符号化"身体"。从《论语》推测孔子眼中"有意义的身体"当数后者,而这个身体已经属于对自然状态的身体经过社会化和人文化改造之后的产物了。《孝经》说"身体发肤,受之父母,不敢毁伤",这种对身体宗教性的热情,其原因在于表意,单纯的肉身在儒家思想中并没有多少价值可言。此外,杜先生从孟子"心学"看出"心身交养"的痕迹,在我看来孟子的"心"已不属身体范畴了,孟子"养心"过程恰恰是一个不断清除和身体息息相关的私人性、经验性的过程,我以为孟子关于"小体"和"大体"的区别以及"养心"理论或者更加接近《老子》"吾所以有大患,为吾有身,及吾无身,吾有何患"(《老子》十三章)和《庄子·齐物论》"吾丧我"的观点(孟子和《老子》的关系,可参看郭沂《郭店楚简与先秦学术思想》636—650页)。总之,对杜先生"身体在儒家思想里确有崇高的地位"的结论,我更愿意持一种谨慎的保留态度,我感觉孔子和孟子都没有这种思想,不过原因却有不同,如果说孔子是由于社会学的外部视角导致了对身体的忽视,孟子则有自觉地排斥身体的迹象,这也是本书认为孔孟之间存在某种断裂的原因之一。

点，即孔子相信身体只有在社会交往中才能摆脱本身无意义、无责任的自然状态，转化为一种有价值有意义的社会性存在形式。身体在社会交往中被符号化的过程，也正是它原有的自然性被改造的过程，这就说明为什么有时候对身体的主动放弃也是一种意义生产的形式（"有杀身而成仁，无求生而害仁"，15.9）。孔子批评"隐士"时说"欲洁其身，而乱大伦"，这种逃离伦理关系的修身只是对自我的放任，这种修身至少在孔子看来是没有价值的，也是不可能的。

"社会先于个人，他人内在于我"，"自我"意识在社会中的实现既可以说是一个相对于"他人"的自我封闭过程，同时又是一个呼请"他者"介入的开放过程。而这种"关系"、"之间"不仅存在于作为自我对象的外部世界和他人，它甚至就在自我内部。马克斯·舍勒认为，自我意识属于人和动物的分水岭[14]，所谓自我意识，用马克思的话说就是作为主体的人和其自然生命活动的区别[15]，乔治·米德则称之为"我"把"我自身"对象化的内在分裂过程。乔治·米德把社会化"自我"的内在分裂理解为"主我"(I)和"客我"(Me)之间的辩证关系，他认为"自我"实际上就是这两个方面相互作用的社会过程："我们这些个体的人，生来便属于一定的民族，位于某一确定的地理位置，有如此这般的家庭关系，以及如此这般的政治关系。所有这些呈现为一个特定情境，它构成'客我'……自我并非首先存在着，然后才与他人缔结关系，这是一个过程，在其中个体不断调整他自己以适应他所属的情境，并对它作出反应。这样，'主我'与'客我'，这种思维，这种自觉的顺应，便成为整个社会过程的一部分，并使一个更加高度组织化的社会成为可能"，"客我"实际上代表了社会共同体要求的内化形式，如果没有这种在自我意识中客观化了的"社会"或者"他人"的存在，自我就不会有自觉的责任感，而人的经验中也不会出现不同于动物经验的新内容，正是由于在人的"自我"意识中已经先在地包含了自我、他人的内容，所以"这些区别表现在我们的经验中，我们要求在自己的经验中承认他人，并在他人的经验中承认我们自己。如果我们不能在他人与我们的关系中承认他人，我们便不能实现我们自己。当个体采取了他人的态度时，他才能使他自己成为一个自我"[16]。

米德的思考对于孔子、庄子等中国古代思想家来说不会是完全陌生的想法，当孔子说"已矣乎，吾未见能见其过而内自讼者也"，"内自讼"的用法就已经把"自我结构"的内在分裂表露无遗了。安乐哲已经注意到儒家思想中独特的"自我"概念，他指出："根据儒家的观点，自我是关于一个人的身份和关系的共有意识。一个人的'内''外'自我是不可分离的。就此而言，说某人是自觉的，不是说他能把他的本质自我分离出来，并加以对象化，而是说他意识到自己是别人注意的焦点。自觉意识的中心不是在与宾格的'我'分离的'我'，而是在对宾格的'我'的意识。这种意识所产生的自我形象，决定于一个人在社会中所得到的尊重，这是一种以面子和羞耻的语言把握的自我形象。"[17]在中国古代文化中，"主我"、"客我"意识主要体现于"吾"、"我"和"己"这几个第一人称的微妙差别上，或者说，"吾"和"己"不妨理解为对"自我"意识封闭性和开放性两极的强调。元代赵德就非常准确地把握到了"吾"和"我"之间根本性的区分："'吾''我'二字，学者多以为一义，殊不知就己而言则曰

'吾',因人而言则曰'我'"[18]。"就己而言"的"吾"意味着对于"主我"自足性和封闭性的强调,这是一个缺乏"客我"意识的绝对"自我"①。在孔子仁学思想中,对自我置身于其中的社会关系的无视本身就是一种罪恶,孔子一再告诫弟子"毋意,毋必,毋固,毋我",这已经足以说明他对"自我中心"的警惕了。对"己"的强调使用,就是对绝对"主我"的限制和丰富。"我"和"己"的区别在于"我"兼有名词和代词的双重属性,代词"我"总是和一个具体的、经验的有机体联系在一起,和"我"相比,没有指代任务的"己"在理论上显得更为抽象和纯粹。《庄子·齐物论》一句"人各有己"就已经把"我"和"己"的区别交待得清清楚楚,而这种语言转换中已经包含了一种对"自我中心"的警惕,这种理性反省也预设了某种最低限度的伦理自觉,即"他人"不应该只是我的工具和手段,我和他人是一种互为主体的关系,预先设定了对他人——另一个主体"我"——的尊重。

不过"自我"的社会属性并不足以保证"自我"的道德属性,一个社会化的理性"自我"既有对社会共同体自觉认同的一面,更为常见的必然是在共同体中维护自我独特性和个人权利的另一面。乔治·米德认为我们可以在社会学的"自我"意识基础上建立起一种伦理学理论,这可以被称作一种合理主义的伦理观,即"社会性使伦理判断具有普遍性,并且支持一种流行的看法:大家的意见是普遍的意见,即所有能够理性地认识情境的人的一致意见"[19]。米德和所有的实用主义者一样,在道德问题上也流露出一种利益最大化的功利主义道德观。从米德的自我理论中可以见出弗洛伊德思想的痕迹,在一定程度上说,他的"主我"、"客我"概念几乎可以等同于弗洛伊德的"本我"、"自我"理论,尽管米德的"主我"意识为弗氏生物冲动的"本我"概念注入了理性的内容。孔子仁学本有合理主义的一面(说详后),但从人的生理本能出发的自我概念应该为孔子所不取,而孔子之"仁"作为一种无条件的绝对命令("好仁者,无以尚之"、"杀身成仁")和他们以"自我保存"为旨归的功利主义观点更是格格不入了。米德把"客我"理解为社会要求和规范的内化自我,这一点可以解释孔子"耻感"这一最低限度的消极道德意识。耻感是以社会评价为尺度的,但在孔子那里,"仁"显然还存在一种更高的尺度,《论语》常有不以平均化了的社会共识为"耻"的言行,如"不耻下问"、"以能问于不能,以多问于寡;有若无,实若虚,犯而不校"、"以大事小"、"不以蔽衣恶食为耻",都属于此类,孔子还有"事君以礼,人以为谄焉"的不满,更有"违礼""违众"("麻冕,礼也。今也纯,俭。吾从众。拜下,礼也。今拜乎上,泰也。虽违众,吾从下",的反常举动,孔子常说"仁者无

---

① "我"和"吾"的不同在于,"吾"永远处于第一人称主格地位,而"我"则可以兼作主格和宾格,"吾"和"我"区别的文化意义主要体现在庄子"吾丧我"的思想里面。今道友信就曾注意到这个问题,他认为:"中国古典里表示'我'的意思有两个词,那就是'吾'和'我'。吾指的是人格上的整个主体,它在中国古典中决不用来做宾语,我所知道的唯一的例外是'慎吾',这是孔子的话,是说慎主体。因此,'吾'这个词本来常是表示主体本身,是自发性的而且决不可能成为对象的实在。"(今道友信:《东方的美学》,129 页,生活·读书·新知三联书店,1991 年)或许可以说孔子和道家以及后儒的区别正在这里,即一个"存在先于本质"和"本质先于存在"的区别。另外,此处"绝对"是就其本来意义使用的,"绝对"是为"无对",这从根本上是不符合中国文化中"概念两极性"传统的。在一定意义上说,中国文化的主要特征,比如非实在的"天",以及孔子对"他人"的强调都可以理解为对某种"绝对"者的排斥。

忧"、"仁者不惧"、"仁者必有勇",这种道德勇气和实践理性显然都不是米德所谓"'主我'和'客我'完全统一"所能解释的。我们也许可以相信,较之于米德的"自我"理论,孔子的自我结构或许更为复杂。和米德把自我区分为主我、客我的区分相比,孔子自我内部存在着三重的关系,即除了一个作为社会角色的"我(己)"和一个作为有机体的"我(身)"之外,还有一个说"我"的"我",一个"我欲仁,斯仁至矣"的"我",一个"有志于学"、"志于道"的"我",简言之,一个功能化的主体"我",这个"我"可以把另外两个"我"作为"我中之他"并加以客观化和对象化,我可以认识"他",打量"他"(吾日三省吾身),改造"他"(克己、修身),甚至放弃"他"(杀身成仁),这个"我",这个具有明确意向性的功能体,我更愿意采用罗伯特·凯根的说法,把它理解为一个"意义采择者"[20],一个始终处在意义焦虑状态的意向性自我,一个可以驱使"我"从无意义、无责任的自然状态走向神圣化——即有意义的存在者——的内在动力结构。这就是说,仅仅从社会学理论还不足以把握孔子仁学的核心内容,对孔子仁学的认识无法回避对孔子思想之中至关重要的"宗教性"或"超越性"内容的理解,而这也就意味着对孔子仁学发生的宗教背景的理解。

从理论上说,孔子仁学完全可以放弃"天"及"天命"等宗教内容而不失其逻辑上的合理性与自足性[①],《墨子·公孟》指责"儒者以天为不明,以鬼为不神"不是没有理由的。但如果就此认定孔子依然坚持以"天"作为无限超越者的做法为所谓"壮胆"、"神道设教"或者"历史局限",那对孔子显见是不公正的。如果对孔子思想抱一种"同情之理解",我们就会注意到孔子的理想不是作一个沉湎于思辨的学者,孔子仁学首先是实践性的,它面对的是国家宗教解体之后的"意义危机"问题。格尔兹认为,宗教发生的动力往往来自于人类对于"意义危机"的恐惧,所谓"意义危机"指的是人缺乏认识能力、缺乏忍耐力和缺乏道德方向这三种情况,与之相应的结果是思想上的困惑、情感上的痛苦和道德上的矛盾[21]。反过来看,周初国家宗教的崩溃也必然会带来同样的"意义危机",在这个意义上说,孔子提出"克己复礼"正是一种无神论背景下的对日常世界中意义、价值和秩序缺失的伦理补偿,这就是本书理解的孔子仁学"宗教性"所在。孔子面对的是一个"礼崩乐坏"的局面,这是一个彻底地丧失了"神圣感"的意义贫乏的世界。"礼崩乐坏"对应的恰好是"神圣"的两个反面:一是"世俗",即"神圣感"的匮乏;一是"混沌",即神圣秩序的破坏[22]。孔子的"礼"和原始宗教仪式的关系已是一种常识[23],而孔子仁学的关键正是把那种已经逝去的宗教情感——即"神圣感"——加以内在化、绝对化和合法化的理论表

---

① 杨泽波《孟子性善论研究》"孔子不曾自觉建构道德形上学"一章主要从《论语》"天"概念的分析入手,得出孔子伦理学并非建立在道德之天的基础之上的结论(杨泽波:《孟子性善论研究》,中国社会科学出版社,1995年),本书也以为孔子仁学着力处正在"自我"概念上,它不曾也不必依赖于外部超越者的强制。

述。不同的宗教传统中神圣物可以是多元的,但宗教情感"神圣感"却是相似的①。奥托认为,"神圣感"来自对一种"无所不在的他者"的感情,而这个"神秘的东西是客观的并且位于自我的外部"²⁴,在周文化中这个神圣者自然非"天"莫属了。周人对"天"的信仰近似于蒂利希所说的"宇宙论宗教",蒂利希根据人接近"上帝"的不同途径把所有不同的宗教形式分为两种:一种是所谓"消除分裂"的本体论宗教,一种是所谓"陌路相逢"的宇宙论宗教。在前者,当人发现上帝时也就是发现了自己,发现了某种既与自己同一而又无限超越于自己的"他者";在后者,这个超越者对人而言根本上就是一个"陌生人",是一种无法预知也无法完全把握的异己的存在形式²⁵。由于"天"在本质上是一个"他者",那么作用于天人之间的神圣关系以及由此派生出的道德感和神圣感就不是某种先天的、必然的"绝对命令",而是建立在某种外部"契约"的基础之上,彼此依赖于对方,也彼此承担了伦理上的责任和义务②。蒂里希认为,"没有本体论方法作为基石的宇宙论方法将导致宗教与哲学之间毁灭性的分裂"²⁶,春秋以来人对于"天"的怀疑和怨愤必然会导致人在单方面对自己承担的道德义务的解除,礼崩乐坏的局面自属难免。《论语·季氏》说:"君子有三畏,畏天命,畏大人,畏圣人之言。小人不知天命而不畏,狎大人,侮圣人之言。",可以看出这三者之间的不是并列的,礼崩乐坏只是人和天这个"无所不在的他者"之间

---

① 伊利亚德发现在一个信仰体系中任何世俗的东西都可以被转换成神圣的"显圣物",其中并无道理可言(参看伊利亚德《神圣与世俗》"序言",华夏出版社,2002年),卡西尔也有类似的见解,他认为:"神性的特性从一开始就不限于特定的客体或客体群;相反,任何平常的内容都能够突然地分享神性。神性与其说是指明一个特定客体的性质,不如说是指明一种特定的理想关系"(恩斯特·卡西尔:《神话思维》,86页,中国社会科学出版社,1992年)。涂尔干认为试图找出这种神圣/世俗二分的自然基础简直是不可能的事,因为"这是名副其实的无中生有的创造"(涂尔干:《宗教生活的基本形式》,113页)。

② 由周初"天命"观以及《尚书》"天听自我民听,天视自我民视"来看,"天"从一开始就对人负有现实政治的责任,而从《左传》的有关记载看,天地鬼神也在很大程度上依赖于人间的祭祀。郭沫若发现,周代彝铭中充斥着大量类似天人交易性的记载,他甚至认为"周人根本在怀疑天,只是把天来利用着当成了一种工具"(郭沫若:《先秦天道观之进展》,《中国古代社会研究(外二种)》(上),河北教育出版社,2000年),《墨子·明鬼》也对此种现象作了记载。南乐山对中西方宗教文化中"契约"主题的比较得出的结论是:一,社会的建立被认为是和社会建立者之间达成的契约;二,对人的社会性重视程度要大于自然性;三,契约的维持和破坏主要取决于人的行为,也就是一切责任都由人来承担(南乐山:《在上帝面具的背后》,146页,社会科学文献出版社,1999年),我们不难看出前两者东西方基本上一致,但在第三个方面则表现出截然不同的走向,也就是说中国人更多地把社会混乱理解为"天"在单方面的"毁灭",舍此则不能理解"礼崩乐坏"过程中对"天"的怀疑和愤怒(可参看郭沫若《中国古代社会研究(外二种)》(上)138—147页的有关论述)。孔子对"天"的挽救首先是将人对"天"的单方面责任和义务无条件地绝对化,在孔子思想中,"我"和"父母"的关系或者说"孝"观念总是占有绝对优先的地位。父母问题的优先性来自于它恰好提供了孔子仁学"下学而上达"(14.35)的先天基础:一方面,父母可以视作一切有别于我而又和我不可分离的他人的"原型"意象,我和他人的一切伦理关系都是由此派生而来,或者说都是"孝"的转化形式;另一方面,父母又可以理解为"天"的具体而微的象征物,"天何言哉? 万物生焉,四时行焉"(17.19)。天和父母一样,对我都是"生而不有"的他者,我意识到我应该对"天"感恩,应该对天承担起我应尽的责任和义务。据《礼记·郊特牲》所言,祭祀的目的主要有三:"祭有祈焉,有报焉,有由辟焉",即祈福、报恩和免祸,严格地说只有两种,即祈福免祸和出于感恩心理的回报,孔子的祭祀其意义就在于对后者的强调。儒家的祭礼就是以周代祭礼为本,致力于报本追远,感谢天地祖宗的恩惠,可以说是把内在的敬意和精诚表现出来的一种仪式。就此而言,有人认为孔子说"吾不与祭,如不祭"是对祭祀的委婉否定,这是没有根据的,这应该理解为孔子强调祭祀的意义不在于形式,而在于现场表达出的精诚和由此获得的神圣感(关于孔子对无条件的祭祀义务的强调,参看(韩国)赵骏河《儒家祭礼小论》,收入中国孔子基金会编:《孔孟荀之比较——中、日、韩、越学者论儒学》,社会科学文献出版社,1994年)。

以"敬畏"为特征的神圣关系和紧张关系消失的必然结果。

有一种天真的见解,认为孔子仁学提供了某种"终极性的自我转换"途径。但是从《论语》对"圣人"的委婉否定("圣人,吾不得而见之矣;得见君子者,斯可矣"),从"仁以为己任,……死而后已",从"学如不及,犹恐失之"等说法来看,尤其是"曾子有疾,召门弟子曰:'启予足!启予手!诗云战战兢兢,如临深渊,如履薄冰。而今以后,吾知免夫!小子!'"一节,把一种戒慎恐惧的"终生之忧"刻画得简直惊心动魄,这里何曾有半点"终极转换"的虚伪乐观!在一定意义上说,萨特所谓"焦虑其实是对自由的体验"这一名言用于孔子真是再合适不过了。一个有别于我、超越于我的"他者"既是对"我"的限制,更是对"我"的肯定,这种超越者对个人的限制和肯定可以用一个"敬"字来表达。徐复观论及周初宗教和人的关系时提出:"一个敬字,实贯穿于周初人的一切生活之中,这是直承忧患意识的警惕性而来的精神敛抑、集中及对事的谨慎、认真的心理状态。这是人在时时反省自己的行为,规整自己的行为的心理状态"[27],这一说法确属眼光锐利。其实一个"敬"字也是贯穿于《论语》全书,不过徐先生或者有蔽于"心性论"的前见,未曾注意到"敬"字不只就己而言,首先关乎对"他者"(他人或天)的正确态度,《论语》二十一处"敬"字也是如此。当孔子在说"克己复礼"的时候,他已经认识到在一个没有神圣感的世俗世界里的绝对"自我"会有一种无限扩张并把世界"奴化"的趋势,并在这种奴化世界的过程中把自己也非人化了。马丁·布伯也曾注意到这个危险的趋势,和孔子一样,马丁·布伯认为一个"自我"是什么样的"人",不是取决于我的思想和灵魂,而是取决于"我"对他人的态度。他相信"没有孑然独存的'我',仅有原初词'我—你'中之'我'以及原初词'我—它'中之'我'。当人言及'我'时,他必定意指二者之一"。在他看来,世俗化的"人"意味着人类从其他事物及自然中分离出来,作用于它们,尽最大的力量和努力来达到渴望的或者有价值的目的。马丁·布伯把丧失了神圣感的世俗化的"我"定义为"我—它"模式,他用"经验"、"利用"、"观照"、"分析"、"因果性"、"控制"等形式描述了"我—它"生存模式。在这样的人类生存方式中,每个人都曾经体验过的"超越"已经被排除殆尽了。他把另一种与此相对的"自我"概念描述为"我—你"模式,也就是不把他人和外部世界当作我的功利对象的"自我",在这个模式中,"他"不再是我的手段、我的工具,也不再是我的敌人或竞争对手,一句话,"他人"不是"物",而是一个对我有意义的他者——他者不是"它",而是"你"。布伯对这两种"自我"概念的区别中已经表达了明显的价值判断,"人无'它'不可生存,但仅靠'它'则生存者不复为人"[28]。

不过孔子和布伯的区别还是明显的,布伯说的是一种本源性的原始状态,"初民之精神发展史揭示了两大原初词的根本差异,早在最初的关系事件中他已诵出了'我—你',且其方式天然无矫,先在于任何语言形式,此即是说,先在于对'我'之自我意识。与此相反,仅在人把自身认作'我'时,此即是说,仅在'我'自'我—你'之中分离而出之时,'我—它'方可被称述。原初词'我—你'可被消解成'我'与'你',然而我与你之机械组合并不能构成'我—你',因为'我—你'本质上先在于

'我',而'我—它'却发端于'我'和'它'之组合,因为'它'本性上后在于'我'"[29]。在孔子看来,这种不自觉的无意识道德能否称为道德还是很可疑的,道德恰恰是在人和世界的分离之后的产物,首先是宗教建立起一个意义世界的产物,才出现"天/人"、"自我/他人"之间有意义的"关系",意义不是开始于世界的起点,而是出现在世界分化的瞬间,楚简《五行》说"不远不敬,不敬不俨,不俨不尊,不尊不恭,不恭无礼",这可以说是代表了孔子和布伯的区别,也是孔子和庄子的区别(《庄子·齐物论》:分者,成也;成者,毁也)。所以,孔子的怀乡并非如庄子和布伯所说的那样要回到起点,回到本源,而是回到生活的意义历史性生成的地方。把孔子理解为一个保守主义者是很容易的,不过我想孔子要保要守的并非过去的制度,而是那个曾经存在过的神圣世界,那个浸泡在神圣体验之中的精神家园。

不过孔子已经回不去了,从孔子"郁郁乎文哉!吾从周"的深情中,我们不难见出他对曾经存在的那个意义世界低徊不已的无限依恋,对"逝者如斯夫"的不尽感伤。据《史记·孔子世家》记载:"孔子适郑,与弟子相失。孔子独立郭东门。郑人或谓子贡曰:'东门有人。累累若丧家之狗。'子贡以实告孔子。孔子欣然笑曰:'谓似丧家之狗,然哉!然哉!'"西哲诺瓦利斯曾说,哲学原是怀着一种乡愁的冲动,去寻找精神的家园[30]。明乎此,我们或许可以容忍这样一个结论,即孔子之所以要保留"天"的超越性不是出于理论上的必须,而是一种情感上的必然,他试图用一种思辨的方式对逝去的宗教生活中"神圣感"徒劳而悲壮地挽留。孔子不同于布伯,但我想孔子一定可以接受布伯的结论,"你必须自己开始。假如你自己不以积极的爱去深入生存,假如你不以自己的方式去为自己揭示生存的意义,那么生存对你来说就将是依然没有意义的,每一件事物都在等着你去圣化,每一件事物都在等着在相见中被你发现,在相见中被你实现……用你的全部存在去同世界相会吧,这样,你也会与上帝相会"[31],当然孔子不会知道"上帝"的存在,他一定会把布伯的"与上帝相会"转换成他所习惯的"知天命"一类的语言。

第二节　逃避自由的神学道路
——从《论语》到《孟子》

宋明以来一直都是孔孟并举,但孔孟之间的思想分歧还是相当明显的,他们在"仁"、"圣人"之类问题上的理论分歧自不用多说,甚至在"人"、"自我"、"他人"这样一些最基本的概念上也难有共识,而孔子要求的"敬"意与孟子乖张的教主心态之间的反差尤为刺眼。如果说孔孟都是由"人之为人"处着手他们道德体系的建构,我们就不难发现孔孟之间最为根本的区别也正源于对"人"的不同理解,简而言之,孔子的"人"可以说是一个社会学的关系和功能概念,而孟子的"人"则属于一个形上的实体概念。孔子和孟子都曾论及人和禽兽的区别,在孔子看来,人区别于禽兽之处在于人的社会化行为,而孟子则把这种区别实在化为一种先天生理上的差异

（"人之所以异于禽兽者几希"之"几希"），换言之，孟子对孔子思想根本性的作为"主体间性"的"仁"都作了实体化的处理，也就是对孔子着力强调的神圣"他者"概念以及我和他者之间不可化约的"距离"的取消。不过这种差别到底应该理解为对孔子思想遗产的一种背叛，抑或是一种继承和发展，也许主要取决于观察者的立场。毕竟孔孟二者试图解决的并非"人是什么"之类的形而上学问题，而是"人为什么必须要有道德"这样一个"元伦理学"问题，孔孟之间思想上的连续性主要来自于他们都是对道德问题的持续思考，在这个意义上说，孟子的"心性论"哲学是对孔子"仁学"的继承和深入，他甚至期望对这个孔子也未能完全解决的问题作个终极性的了断。或许孟子对这种"终极性解决"寄寓了不切实际的过高期待，才使得两家有渐行渐远的分化趋势。

孔子首先提出了"人何以为人"的仁学命题，但他也未能完全解决道德绝对性的问题。孔子的"仁"固然有接近于康德所谓"绝对命令"的一面，不过称之为"绝对"还是稍嫌勉强了点。和孟子不同的是，孔子始终强调"仁"的实践并不取决于作为"仁"的对象的"他者"是否"可爱"，也不取决于能否得到预期的对等回报，孔子之"仁"的"绝对性"在于它是对于一种无条件的伦理责任的自觉体认和承担，而这种"无条件"从根本上说还是属于一个理性层面的问题，取决于个体能否意识到并自觉地承担起"自我"对于一切有意义的"他者"应尽的义务和责任，这也正是孔子把"知"、"勇"和"不惧"都视为"仁"的原因所在。孔子仁学可以分为两个方面的内容："人应该仁"和"人必须仁"，孔子对"人必须仁"的逻辑论证主要体现在对于"仁"、"孝"之间同构关系的简单类比，不过类比法既缺乏严格的逻辑论证，也不具有主观上"普遍认同"的强制性，故而孔子着力也多在第一层面上。由《论语》来看，"仁"既先于人又后于人，说它是先天的，是因为"人之为人"的前提就是能自觉体认到对于他者的伦理责任和伦理义务，即仁是人的前提；说它是后天的，是因为孔子从来都不以"仁"为生而有之的某种本然天性，而把它视作社会规范内化后的习得性内容。所以这里必须区分出孔子对"人"的两种定义，即自然人和社会人。推测孔子"仁学"内在逻辑在于提出人之为人是一个学习的过程，也就是一个从自然人到社会人的转化过程，这也必然是一个从自我中心的非理性的人到理性的人的转化过程。而一个社会的人必然是一个理性的人，一个理性的人也必然是一个道德的人。何以社会人必然是道德人？孔子在很大程度上还是求助于一种功能性理论，也即道德潜在的利益最大化的现实回报，就其内向而言，在消极程度上可以使"我"免于社会存在上的"羞耻感"，即"内省不疚"所带来的"安"，在积极程度上则通过理性对人生在世所不可免的悲剧性的"客体性"（命）的克服和消解而获得足以"安身立命"的精神满足和自由（"乐"）；就其外向而言，道德意识至少可以使人免于由"自我中心"带来的现实抵牾（"放于利而行，多怨"），其最高境界则可以使人完全超越了个人的有限性和客体性，使个人的有限性完全融于人类命运共同体的无限之中，用孔子的话说就是达到不朽的"圣人"境界。这就是孔子所谓的"仁者安仁，知者利仁"。无论是孟子以"性善"论仁还是荀子从社会功能言礼，都是孔子仁学题中应有之义。

尽管孔子一直强调"好仁者，无以尚之"，但依然无补于仁学"知其不可为而为之"的悲观底色，说到底，孔子仁学无非一种关乎个人存在的意义学说，一种可以使个人超越自然存在而在日常生活中获得意义和价值的途径，孔子仁学并没有孟子那么极端，它并不拒绝世俗幸福。但是孔子仁学并不保证德行一定能得到幸福，德行的回报只能是使个人免于生存的意义匮乏所带来的焦虑。仁学，用孔子的话说就是"为己之学"，说是"为己"，是因为孔子并没有试图强化仁学普泛性的理论强制性和内在必然性，说是"学"，是因为孔子之"仁"既是出于理性的自觉要求，又属后天学习和实践（礼）的结果。如果我们对孔子人"性"论的理解不至太远的话，"仁"的要求从根本上说是违反人"性"的，孔子已经说得很明白了，"吾未见好德如好色者也"，颜回"其心三月不违仁"已属难能，所以孔子对仁学的命运早有预感，"道之不行，已知之矣"。

先秦以降对于道德绝对性问题的讨论，大致遵循着孔子暗示出来的内求（安）或外寻（利）两种思想进路。不过自唐人提出"道统说"以来，孟子地位直追孔子，而孟子"心性说"也一直被理解为儒学正宗[1]。由于历史文献的不足，"道统说"至少有两个历史难点只得存疑，一是孔子从未有过由"心"、"性"论述道德的说法[2]，二是"道统说"显然无法解释何以势同冰炭的孟荀两家居然都可以归之为"儒家"，而且在汉代荀子地位远高于孟子这样一个历史事实。自郭店楚简出土之后，多有学者把《郭店楚简》视作"道统说"合理性的当然证明，并认为它提供了从孔子仁学到孟子心性论之间思想连续性的发展线索[3]。这类看法一则囿于道统说的偏见所致，二

---

　　①　关于孔子身后的儒学分化以及儒经传授的历史过程，参见周予同：《从孔子到孟荀——战国时的儒家派别和儒经传授》，朱维铮编：《周予同经学史论著选集》（增订本），上海人民出版社，1983年；关于孟子地位在唐代的变化，参见朱维铮：《中国经学与中国文化》，《中国经学史十讲》，复旦大学出版社，2002年；关于唐宋以来的"道统说"理论，参见姜广辉：《郭店楚简与道统攸系——儒学传统重新诠释论纲》，《中国哲学》编委会：《郭店简与儒学研究》（《中国哲学》第二十一辑），辽宁教育出版社，2000年。

　　②　徐复观认为孔子"性相近，习相远"的"性"其实就等同于孟子的"本心本性"，而孔子的"仁"概念应看作孟子"天人合一"思想的滥觞（参见徐复观：《中国人性论史》，68—90页，生活·读书·新知三联书店，2001年）；牟宗三也有相似的见解（参见牟宗三：《心体与性体》上册，185—191页，上海古籍出版社，2000年），不过这类"洞见"都缺乏足够有力的论据，深究起来亦无非深文周纳，强作解人而已。"性"概念在孔子思想中的地位并不高，史华兹论及子贡"夫子之言性与天道不可得而闻"（5.13）时指出，"子贡的说法暗示，这个概念在当时已经流行开来，但孔子很不以这些讨论为然"，他相信这些有关"心性"的材料出于后来整理者的添窜，至少这些"本体论"讨论是有违于孔子仁学思想的（史华兹：《中国古代的思想世界》，183页）。

　　③　持有这一类看法的学者很多，比如李学勤的《先秦儒家著作的重大发现》、《荆门郭店楚简中的〈子思子〉》、《郭店楚简与儒学经籍》，杜维明的《郭店楚简与先秦儒道思想的重新定位》和庞朴的《孔孟之间——郭店楚简中的儒家心性说》，姜广辉的《郭店楚简与子思子——兼谈郭店楚简的思想史意义》等，他们都持有大同小异的观点，即《郭店楚简》的发现证明孟子的心性之学以及后来的宋明理学才真正代表了儒学的正宗源头。上引诸文均收入《郭店楚简研究》（《中国哲学》第二十辑），辽宁教育出版社，1999年。

则可能醉心于郭店简尤其《性自命出》中丰富的心理学材料①，这种未饮先醉的前见无疑有碍于对楚简思想的客观判断。仔细推敲简文文义，从《性自命出》中有关"性"、"命"、"情"、"心"等心理学概念的定义根本不可能得出孟子的心性论思想，它表达的恰恰是一种截然不同于孟子的观点，即道德仁义完全是通过教育和学习由"外铄"②得来的，《性自命出》的中心问题恰恰是"教所以生德于中也"③和"身以为主心"④。

《性自命出》以一种尽可能的科学态度描述了外在的"礼"如何通过教育和学习的途径改造我们的自然人性、并将外部规范逐渐内化为我们道德自觉的心理过程，对这个问题的讨论不能不首先涉及楚简和《孟子》、《中庸》之间关于"性"、"命"、"心"诸概念的分歧。学界一般多认为《性自命出》中"性自命出，命自天降"和《中庸》开篇"天命之为性"语义大致相近⑤，这种看法显然有误，原因在于没有认识到楚简的"命"概念属于原儒传统之外的"生命"概念。儒家论"命"主要有内、外两义，属于内部的"命"是可以自我意识和能力范围之内的道德"正命"，属于"外部"的是人力所不能及的带有偶然性的盲目"命运"，在这点上孔子和孟子是有共识的，正是他们关于两种"命"的区分构成后来儒家"知命"理论的重要内容[32]。这两种"命"都属于社会学层面的内容，除此以外"命"还有另外一种"生命"的意思，这一用法在儒家

① 比如杜维明就很兴奋地发现，"我们把这些资料中有'心'意的字都放在一起，就可以发现思孟学派有关性情的资源非常丰富……最使我感到惊讶的是在《性自命出》篇中直接讨论身心性命之学的字汇如此之多"，所以尽管他认为"目前我们还不能了解他们所体现的内心世界"，但这点谨慎还不足以妨碍他很快达到这样的结论："《孟子》学说的价值是一个很复杂而且值得深扣的领域，曾经有学者认为孟子的学说非常简单，在政治上有点抗议精神而已，并没有什么深刻的心性之学。但现在可以说，我们如此说是把孟学简单化了"。杜维明：《郭店楚简与先秦儒道思想的重新定位》，《中国哲学》编委会：《郭店楚简研究》（《中国哲学》第二十辑），辽宁教育出版社，1999年。
② 《孟子·告子上》："仁义礼智，非由外铄我也，我故有之也。"
③ 本书有关郭店楚简的材料，除非特别注明，均引自李零《郭店楚简校读记（增订本）》一书，下文不再赘注。李零：《郭店楚简校读记（增订本）》，北京大学出版社，2002年
④ 《性自命出》结语部分诸都书以为"身以为主心"，偏偏郭沂以为原文作"身以为主（于）心"，认为"'于'字原脱，今据文义补。全句应理解为'君子以为身主（于）心'，或'君子以身为主（于）心'"。总之，他是非要从这里得出"身是被心所主宰的"不能罢休（郭沂《郭店楚简与先秦学术思想》，263—264页）。本书以为，第一，《性》文要表达的正是"身以为主心"——即通过教化、学习和社会交往来为"心"立"志"——的意思，其说本于《论语》"君子所贵乎道者三：动容貌，斯远暴慢矣；正颜色，斯近信矣；出辞气，斯远鄙倍矣"，故郭说不可取；第二，郭文为求"六经注我"而"增字解经"的做法也不足取。
⑤ 庞朴认为："有关性和命关系的最经典的论说，大概要数《中庸》开篇的那句话：'天命之谓性'。楚简中，同样的思想已经有了，只是表述上还不洗练"（庞朴：《孔孟之间——郭店楚简中的儒家心性说》，《郭店楚简研究》。），姜广辉也认为《中庸》一书反映了子思的成熟的思想，其起首言'天命之谓性，率性之谓道，修道之谓教'，此三语隐括了《郭店楚墓竹简》中《性自命出》的内容"（姜广辉：《中国经学思想史》第一卷，164页，中国社会科学出版社，2003年），裴锡圭也持相近的看法（转引自李天虹《郭店楚简性自命出研究》第65页，李天虹：《郭店楚简性自命出研究》，湖北教育出版社，2003年）。丁四新在《郭店楚墓竹简思想研究》一书中已经批评了这种说法（丁四新：《郭店楚墓竹简思想研究》，176—177页，东方出版社，2000年），只是他还没有意识到楚简提及的"命"属于儒学传统之外的第三种"命"的概念，即自然主义的生命概念，楚简和《中庸》、《孟子》之间的思想差异由此生发，而学界的误解也和对楚简之"命"的错误理解有关。需要说明的是，庞朴后来修正了自己原来观点："过去我曾粗略地认为，这四句话（即《性》文"性自命出，命自天降"等——引者注）正好就是《中庸》开篇的所谓'天命之谓性，帅性之谓道'。现在仔细看来，二者颇不一样"（庞朴：《天人三式——郭店楚简所见天人关系说》，收入《郭店楚简国际学术讨论会论文集》，湖北人民出版社，2000年）。

文献中较为少见,其地位也自然不及前两者重要①。或许是因为在孔子身后,从生理学和心理学的内部而非由社会学的外部把握和理解人性成为当时思想界的主流,楚简"性"的定义应该更接近于孟子批判过的说法,即"生之谓性"(11.3)。楚简《语丛三》"有天有命,有命有性,是谓生"、"有性有生,呼生"的说法可相印证,这里的"天"和"命"都是强调"生"(生命)和"性"(自然情感)非人为的自然性和先天性的一面。由此看来,楚简"性自命出,命自天降"的"命"应作"生命"解,而"天"在这里并没有"道德之天"的意味②,联系楚简《穷达以时》有关"察天人之分"的阐述,"天"主要指的是从外部强加给人的必然性,所以楚简"性自命出,命自天降"强调的正是"性"作为人的"内在自然"不可改变的一面。楚简以"天"为"先天不可改变"的用法并非孤证,《荀子·天论》"形具而神生,好恶、喜怒、哀乐藏焉,夫是之谓天情"的"天情",以及《孟子·尽心上》"形色,天性也"的"天性",这些用法都可以证实楚简关于"天—命—性"之间关系的描述在先秦时期并不足为奇,相反《中庸》的说法倒属例外。此外,楚简《语丛二(名数)》把"情、欲、爱、子、喜、恶、愠、惧、智、强、弱、贪、暄、浸、急、文"等感性内容都归入"生于性"一类,这里的"性"与其说是有孟子"本性"或《中庸》"天命之性"的意味,不如说它倒是更近于告子所谓"无善无恶"或"可善可恶"之"性"。

有论者注意到楚简"性"字写作"眚",但楚简从"心"之字很多,而与心颇有关联的"性"字却用不是从"心"的同音字替代,似乎有点奇怪[33]。楚简"性"字从"生"而不从"心",这或许正是楚简作者有意识地区分人的自然属性和社会属性的结果。楚简对人的两重性的理解是很清楚的,一是属于自然层面的"性",一是属于社会层面的"心"和"志":"四海之内,其性一也,其用心各异,教使然也"、"凡人虽有性,心无定志,待物而后作,待悦而后行,待习而后定"。人之异于动物处不在于"性"而在于人可以获得"心志",在于他的社会交往、教育学习和通过交往和学习而获得的社会理性,"凡心有志也,无与不可,人之不可独行,犹口之不可独言。牛生而长,雁生而伸,其性使然,人而学或使之也。"楚简把"性"规定为人对外部世界的情感反应的内在对应物,"喜怒哀乐之气,性也。及其见于外,则物取之也",所以"性"的表达(楚简把内在的"性"的外在表现形式称作"情")本身就是一种社会化的表达行为,"情"

---

① "命"有作"生命"解的材料,可以参看刘翔《中国古代价值诠释学》有关内容(刘翔:《中国古代价值诠释学》,197—198页,上海三联书店,1992年),关于孔子对自然主义"人"论思想的排斥,可参看金谷治《中国古代人类观的觉醒》一文(收入辛冠洁等人主编的《日本学者论中国哲学史》,中华书局,1986年),小野泽精一也认为《论语》中有关"血气"、"辞气"的内容可能属于后来整理时为后儒羼入的内容(小野精泽一等:《气的思想——中国自然观和人的观念的发展》,29—35页,上海人民出版社,1990年)。

② 李天虹认为"在天和命,天、命与性的关系上,孟子的认识与《性自命出》也存在相当接近之处",所以他虽然认识到"性自命出"的"命"有自然生命的意思,他还是在两者之间做调和,认为"性自命出"的"命"和"命自天降"的"命"分别表达了"生命"和"道德天命"两个不同的意思(李天虹《郭店楚简性自命出研究》,64—65页、136页),这样就把问题人为地复杂化了,而且两种"命"之间的逻辑关系也显得生硬和牵强。他可能没有注意到孔子论及道德问题不同于孟子之处在于,孔子坚持道德源于社会关系中的伦理自觉,既没有内在的必然性,也不需要外部强制性,而且《性自命出》全篇也未见有以"道德之天"作为礼乐制度或者道德意识的自然根据的论述,所以,非要把楚简中的"天"理解为"道德之天"是没有什么依据的。

的表现既存在一个是否合乎道德礼法的问题,也必然会受到外部世界的制约,"凡动性者,物也;逆性者,悦也;交性者,故也;厉性者,义也;绌性者,势也;养性者,习也;长性者,道也","性"之可"动"、可"逆"、可"交"、"厉"、"绌"、"养"和"长",针对的其实都不是"性",而是"性—物—情"之间的自然关系。"性"之表达本身就是一个社会现象,这是《性》文教化论之必要性的社会前提,"性"本身不可改变,但是教育可以通过"心"间接地作用于"性",通过"心志"的作用从外部改变"性—物—情"之间的自然关系,这是《性》文教化论之可能性的心理基础。教化针对的自然是"心",细检全文,教育所及的对象始终不脱离"心",如"凡道,心术为主"、"古乐龙心"、"凡声其出于情也信,然后其入拨人之心也厚"、"凡学者求其心为难,……不如以乐之速也"等等,这就是楚简所谓"教所以生德于中者也","生德于中"即"生德于心",也即为"心"定"志"。

《性自命出》和《论语》的思想连续性自不容怀疑,它的出现适足以弥补《论语》之不足,它证明了"礼"对于"人之为人"的前提作用不只在于让人获得社会的认可,还在于它提供了对人的自然属性的人文化改造的有效手段,这个教育和学习的过程有近于马克思所谓"内在自然的人化"过程。在一定意义上说,《性自命出》可以理解为对孔子"不学礼,无以成人"这个伦理学命题的心理学论证。详尽讨论郭店楚简不是本书的目的,在这里只是试图说明从楚简有关"天"、"性"、"心"等概念的思想内涵距离孟子"心性论"还有很远的距离,至少可以断言,所谓楚简证明了孟子"心性"说源自子思学派一脉相传的儒学秘传心法的观点,理由还是不够充分的。这里有一个很奇怪的现象,就是孟子的一个重要对手(告子)几乎所有观念都可以在楚简中发现其思想原型,看来以为楚简的发现可以填补孔孟之间思想史断裂的说法还是过于乐观了。谨慎地说,楚简所代表的孔子以降原始儒学对孟子"心性论"的影响大致表现为:一是为孟子道德形上学——即"心性论"开辟了一个新的心理学视角;二是从自然生命角度看待人的自然主义的人论,也即是以"气"言说道德问题的自然主义倾向。在我看来,孟子和孔子之间除了道德问题的连续性之外,其心性论的思想来源可能还是要到别的地方——比如说方术家、稷下学派以及原始道家分化之前的一个共同知识背景——中去寻求答案。不过,李泽厚认为由宋明理学直到当代新儒家的心性理论"倒可能是'别子为宗',离竹简所代表的原典儒学相距甚远"[34],持论未免过苛,因为楚简已经开始对孔子的"爱"和"敬"作了区分("以其中心与人交,悦也。……亲而笃之,爱也。爱父,其继爱人,人也"、"以其外心与人交,远也。远而庄之,敬也。……恭而博交,礼也"。楚简《五行》),并且把在《论语》那里不算太重要的"爱"提升到最接近"仁"的高度("仁,性之方也,性或生之。……爱类七,唯性爱为近仁",《性自命出》),这里已经流露出以"自然、本能和无差别"的"性爱"取代孔子那里"有别、人为"的"仁爱"的迹象,从这个意义上说,孟子以同情、恻隐等"不忍之心"为"仁",虽然距孔子甚远,但也并非无源之水。

在孔孟之间中国思想史上曾经出现过一个异乎寻常的心理学热潮,这已是学界的共同看法。庞朴就曾注意到这样一个现象:"近年荆门郭店出土的楚墓竹简文字中，一个很显眼的现象是，从'心'的字特别多，这不仅使人想起 1977 年河北平山出土的'中山三器'。那三器上，也有不少从'心'的字，且多前所未见者。查中山三器的年代，大约在 310bc，与现在推测的郭店楚简年代正巧同时。而地域上则郢燕悬隔，地北天南。这两组异地同时文献之以'心'为形符之字之多，使人可以想象，那时候，人们对于内心世界或心理状态的了解和研究，已经是相当可观了；否则，是无从造出如此之多的'心'旁文字来，使今天的我们也惊叹不已的"[35]。宇文所安也注意到春秋战国之交思想兴趣开始从"外在自我"转向"内在自我"的总体倾向，他认为："春秋时代，总的来说，在揭示人的内在自我方面，肉体本身没有一个人的行为那样重要。……当我们来到公元前四世纪至公元前三世纪的战国时代，会看到一系列以不同的方式反映了身体与身份问题的文本，这是一个与身体脱离的自我的概念之源头"[36]。简而言之，孟子"仁义之学"之所以从外在世界转为对内在世界的开掘，这既是由孔子开辟的道德问题面临现实困境的选择[①]，也是和当时普遍性的向内转的思想氛围分不开的，用史华兹的话说，孟子"心性"理论无非是战国诸子"公共论述"中的个案而已。

葛瑞汉论及孟子思想时就注意到了这一方面的内容，他发现孟子时期（公元前四世纪末叶）重要的思想流派都不约而同地出现了由外而内的思维倾向，他说："阅读《孟子》一书，人们领悟到一种有别于近二百年前孔子的思想氛围。芬格雷特赞誉孔子不对人的内在与外在进行区别，此时已经成为遥远的过去；人的价值源于被明确安置于心中的德性"[37]。孟子和稷下学派的关系已为人所周知，葛瑞汉认为："宋钘受到远至孟子和庄子等思想家的批评和尊敬，这表明他在转向专注内心方面

---

① 多有学者指出，孔孟思想的差异与春秋战国以来政治环境和社会环境的日趋险恶有很大联系，孔子只是感叹日常世界的无秩序和无意义，而孟子对现实的评价则相当严峻，他以为这是一个"率兽食人"的时代。当然这除了孟子本人一贯的夸张之外，说明孟子自己也意识到自己正处于一个自古未有的大变局之中。顾亭林《日知录·周末风俗》描述为："如春秋时犹尊礼重信，而七国则绝不言礼与信矣；春秋时犹宗周王，而七国则绝不言王矣；春秋时犹严祭祀、重聘享，而七国则无其事矣；春秋时犹论宗姓氏族，而七国则无一言及之矣；春秋时犹宴会赋诗，而七国则不闻矣；春秋时犹有赴告策书，而七国则无有矣。邦无定交，士无定主，此皆变于一百三十三年之间，史之阙文，而后人可以意推者也，不待始皇之并天下，而文、武之道尽矣。"黄仁宇注意到在这个过程中无论是战争的规模、战法还是战争的残酷性都有不断上升的趋势（黄仁宇：《赫逊河畔谈中国历史》，3—4 页，生活·读书·新知三联书店，1992 年）；李零认为中国贵族政治、贵族传统的消亡主要完成于这一时期（李零：《道家与帛书》，收入《李零自选集》，广西师范大学出版社，1998 年）。这个现实自然对儒家思想的发展起到很大的现实导向作用，比如从《左传》相关记载看，春秋时贵族"不知礼"的现象已非罕见，到战国时期礼乐制度可能已是荡然无存了。罗根泽发现："礼之信仰，自三代以至战国，其程度递降。春秋末战国初，尚有一部分势力，不过入战国未久，除儒家外，泯灭无闻矣。春秋止于哀公十四年，而十四年后尚有言礼者，以其势力由渐而非骤。若《战国策》，则绝少言及者矣"（转引自何怀宏《世袭社会及其解体》，生活·读书·新知三联书店，1996 年）。孔子还可以说"克己复礼"，到了战国这种说法显然已经不合时宜了，所以把道德建立在内在的心性而非外在的"礼"之上很自然成为了主要选择。顾立雅对此提供了一种社会学的解释，他认为当一个处于社会底层的集群刚开始与世袭特权阶层展开斗争时，肯定要强调以下事实：那些出身贫贱的人与贵族具有同样的美德。但是，当意识形态的斗争开始取得胜利时，斗争的重点就转移了所有人的平等，而个人的存在也就被淹没了（顾力雅：《孔子与中国之道》，230 页，大象出版社，2000 年）。余英时则认为孟子等人以"内在德性"而非外在制度作为价值判断的依据，原因还在于战国时期士阶层已经发展出群体的自觉，是当时游士极力宣传以自抬身价的结果（余英时：《古代知识阶层的兴起与发展》，《士与中国文化》，上海人民出版社，1987 年）。

扮演了主要角色"，他甚至不惜以"主体性的发现"这一概括作为对宋钘思想的高度评价①。宋钘学说的全貌今天已不得而知，《庄子·逍遥游》称道宋钘"举世而誉之而不加劝，举世而非之而不加沮，定乎内外之分，辩乎荣辱之境"，《荀子·正论》也保留了宋钘"见侮不辱"的观点："子宋子曰：'明见侮之不辱，使人不斗。人皆以见侮为辱，故斗也；知见侮之为不辱，则不斗矣。'""见侮不辱"自然属于"辩乎内外之分"的必然后果，这就意味着说人的自我评价完全可以独立于他人，而人的自我认识自然也无须假手于他人。而这种观点和孔子的教导完全是背道而驰的，孔子之"知"有三义："知人"、"自知"和"己知"。"见侮不辱"的犬儒精神看起来有点近似于孔子"人不知而不愠"（论语：1.1）和"不患人不己知，患不知人也"（1.16）的君子之风，不过孔子最终还是需要通过自己的行为把自己呈现给他人以取得社会的认可，"不患莫己知，求为可知也"（4.14）。孔子也决不认为"自知"是一件轻而易举的事，这是因为"自知"也需要"他者"的介入，"吾日三省吾身——为人谋而不忠乎？与朋友交而不信乎？传不习乎？"（1.4），"见贤思齐焉，见不贤而内自省也"（4.17）。"他人"之所以在我的自我认识占据着某种"本体性"的地位，那是因为"我"始终只是处于特定伦理关系中具体的"我"，我可以既是臣和子，又同时具有夫、父、兄、朋友等多重身份，一句话，独立的"我"、纯粹的"我"是不存在的，我只能是一种"焦点—区域"式的"自我"，是一切伦理关系的总和。所以，我的自省始终是也必然是"他省"，是作为社会评价的"他人"眼光的内化，正是这种内化了的他者眼光构成了"我"的"羞耻感"，并构成"我"之"修身"的动力，"修身"则意味着力求改变我在他人眼光中的不良印象或者尽量维持我在他人眼中的良好形象。较之于孔子以来的传统观念，孟子对于"自我评价"的态度显然更近于宋钘的观点。孟子把宋钘"见侮不辱"的新见解发挥到极致，这就形成了他"君子有终身之忧，而无一朝之患"的观点："有人于此，其待我横逆，则君子必自反也……自反而忠矣，其横逆由是也，君子曰：'此则妄人也已矣。如此，则与禽兽奚择焉？与禽兽又何难焉？'是故君子有终身之忧，而无一朝之患也"（8.28）。君子所有的只是由于"自反"引起的内在的道德焦虑"忧"，而"患"无非只是外部世界在自己心中的投影，君子对它的态度很简单——"君子不患"——无所谓而已。

孔子从未有过将个人的自我成全（成仁）和对社会伦理规范的践履（守礼）对立

---

① 参看葛瑞汉：《论道者——中国古代哲学论辩》，一章六节"主体性的发现：宋钘"，引文见于113页。如果注意到郭店楚简《性自命出》中"心"概念的出现和使用，我们可以相信葛瑞汉对宋钘的评价有点夸张了。

起来的想法①,孟子却开始有意识地突出了个人选择和社会要求之间的隔阂与冲突,在个人的自由选择与社会约束之间的紧张冲突中,孟子毫无困难地选择前者,他为"匡章"(8.30)和"舜"(9.32)在社会眼光中的"不孝"行为所作的辩护已经把这一倾向表达得很清楚了。孟子坚信,一个人依据自己的道德直觉所作的选择和判断无论如何都优越于平均化了的社会习俗提供的现成路径。孔子也说"权",不过孔子的权是一种理性的判断和权衡,而孟子的"权"要求"自反"。孟子甚至暗示,如果遇到了类似困惑时唯一可靠的选择就是求助于自己内在的判断,孟子用一个比喻说明了"自反"的必要性:"仁者如射:射者正己而后发;发而不中,不怨胜己者,反求诸己而已矣"(3.7)。当然"自反"的意义绝非求助于个人内在的理性,孟子有"智"和"大智"的区分,"天下之言性也,则故而已矣。故者以利为本。所恶于智者,为其凿也。如智者若禹之行水也,则无恶于智矣。禹之行水也,行其所无事也。如智者亦行其所无事,则智亦大矣"(8.26)。"以利为本"的"智"或许有近于马克斯·韦伯所说的"工具理性",和这种小"智"相关联的是"小我"、"幻我",是基于"利害"的考虑,而孟子的"自反"则是回归自我的"本心本性",和这种相联系的自然属于"大我"和"真我",这种由返归本性本心而获得的大智慧有近于牟宗三所说的"智的直觉"②。"自反"是道德判断的根源,也是道德意志和道德勇气的来源,"自反而不缩,虽褐宽博,吾不惴焉;自反而缩,虽千万人吾往矣"(3.2)。既然人的自我认识完全独立于而且也优越于由"他者"构成的社会评价,人的自我完善乃至于道德完善自然也无需假手他人。这种看法必然要以一个全新的"自我"或者说"人"的概念为其基本前提,即人完全是一种自足的纯粹的独立存在,不仅是一个独立自足的生理存在,也是一个独立自足的道德存在。和孔子截然不同的是,孟子居然相信道德完善甚至可以在一个与世隔绝的封闭环境中完成:"舜之居深山之中,与木石居,与鹿豕游,其所以异于深山之野人者几希;及其闻一善言,见一善行,若决江河,沛然莫之能御也"(13.16)。"仁"在孔子本属于在社会交往和履行义务的过程中"学"得的结果,即孔子所谓"先难而后获"(论语:6.22)和"先事后得"(论语:12.21)的成果,

---

① 多有学者强调孔子思想中"仁"与"礼"的冲突,比如郭沂甚至把孔子仁和礼的关系理解为"人心与其异化物的矛盾"(郭沂《郭店楚简与先秦学术思想》,上海教育出版社,2001年,577页)。这种看法是没有什么根据的。在孔子那里,"仁"就是对"礼"的践履,"立于礼"、"成于乐"、"不学礼,无以成人"、"不践迹,亦不入于室"(11.20),二者本无分彼此,何来冲突一说? 如果一定要强调孔子仁学内部的"冲突",那只能是人对文化、文明的理性要求("仁和礼")与人的自然状态("心之所欲")之间的冲突,这一点可以从"其心三月不违仁"之"违"看出来。不过对这一"冲突"也不可以夸大,因为孔子并不否认"心之所欲"的合理性,孔子说"和而不同"既指的是个人和社会之间的关系,又何尝不可以说是就"仁"与"心"的关系而言。所以孔子之"治心"绝非禁欲,而是要把"心之所欲"的指向和强度控制在一个合"情"合"礼"的范围之内。身心之紧张关系,更多地体现在老子、孟子以及庄子那里,孔子仁学重心非在此处。论及孔孟关系,于此不可不察。

② 牟宗三把这种"大智"称作"仁智合一"的"综合的尽理之精神",又称为由本心本性而来的"智的直觉"。在他看来,一般的"见闻之知"(即康德的"纯粹理性")只可以认识"现象",这种"天德良知"则可以洞见到"物自体"本身(牟宗三:《中国文化的特质》、《智的直觉如何可能》,收入郑家栋编:《道德理想主义的重建》,中国广播电视出版社,1992年)。在我看来,牟氏所说的是一个信仰问题,以此批评康德难免方枘圆凿,不过"智的直觉"和孟子"自反而诚"的传统说法倒构成了中国思想史上一对天造地设的"无情对"。

而在孟子却是一种"不学而能"的"良能"和"不虑而知"的"良知",道德作为先验的天性内在于我们身体甚至就如同我们的身体器官一样的真实具体。

如果注意到孔孟之间在"人"和"自我"问题上的根本分歧,我们自不难理解在孔子那里需要改造的"身"何以在孟子道德哲学中却成为了具有"本体"意味的"本"①,孔子的"修身"何以在孟子这里变成了"守身"。孔子的身体到了孟子这里已有"本体"的意味,究其根本在于但孟子之"身"有一个不同以往的"心"在,换言之,孔孟关于"身"的分歧首先来自于他们对于"心"的不同理解。简而言之,孟子的"心"已不同于孔子的"心",它不再被视为需要改造和节制的自然物,而是先天本善的"本心"。其次,孟子把所有的道德范畴都转化为心理因素,使得在孔子那里还属于外在的、需要通过痛苦的学习过程才能掌握(即所谓"先难而后获"、"事而后得")的道德意志和"心"完全融为一体了,即孟子"仁义礼智,非由外铄我也,我固有之也",这就是孟子所谓"心之四端",而"人之有四端也,犹其有四体也"。虽然孟子的"集义"和"养心"理论表现出对孔学传统的一点迁就,但孟子以"羞耻"、"是非"、"同情"和"恻隐"都为"我之固有"和孔子仁学的巨大差异依然无法弥合。如前所述,孔子以"耻感"为中心的"自省"其实都是"他省",孔子之"知"亦属"知人",孔子并未提及"同情"和"恻隐"之类的道德情感,《论语》多处言及对于不幸者的态度(《论语》7.9、9.10、10.25节),但这只是一种表达自己"敬意",即合"礼"的行为,和孟子"同情"、"恻隐"之道德本能显然有别。推测孔子何以很少言及"同情",至少不可能赋予它道德本源那么重要的地位,可能由于"同情"本有居高临下的意味,和孔子要求对他人的"敬意"相去甚远,更重要的原因还是在于孔子的"通个体性"只是一种建立在"人我有别"基础之上的社会理性。孔子仁学本有人与非人(仁外之人)、小我与大我的区别,从理论上讲,个体的我也有通过和外界有意义的关系,从一个血缘共同体(家)到政治共同体(国)乃至文化共同体(天下),从一个"小我"趋于无限,即由"入则孝,出则梯,谨而信,泛爱众,而亲仁"(1.6)以至于"博施于民而能济众"(6.30)的"圣人"境界。不过成为和"天下"相对待的"无限"并不意味着对无限者的占有(子曰:"巍巍乎,舜禹之有天下也而不与焉!",8.18),正如献身于天下并不意味着取消个人的独特性一样,这也正是孔子一直强调"君子和而不同"(13.23)的意义。始终认识到人我有"间",这既可以避免自我的极端膨胀和扩张,也可以防止异己者以"我们"的名义对自我的吞噬,这是孔子自我概念的独到处,也是他和后儒最大的不同。在这个意义上说,孟子那个"万物皆备于我"的"大我"已属不经,宋儒由此发挥到"一体之仁"的地步去孔子就更远了。张载《西铭》说:"天地之塞,吾其体;天地之帅,吾其性。民,吾同胞,物,吾与也",而王阳明的说法更是矫情得有趣:"是故见孺子之入井,而必有怵惕恻隐之心,是其仁与孺子而为一体也。孺子犹同类者也。见鸟兽之哀鸣觳觫而必有不忍之心焉,是其仁之与鸟兽而为一体也。鸟兽犹

① 孟子以"身"为道德之"本"的言论散见于《孟子》一书多处:"天下之本在国,国之本在家,家之本在身。""守,孰为大?守身为大。守身,守之本也。",《大学》由"修身"出发经由"修治齐平"的工夫路线显然受到孟子的影响。

有知觉者也。……见瓦石之毁坏而必有顾惜之心焉,是其仁之与瓦石而为一体也。是其一体之仁也"①。孔子之"仁"和孟子的"同情"、"恻隐"以及"亲子之爱"等道德情感的区别如此明显,却很少为人所注意到,究其原因,可能源于对孔子"安"概念(宰我问"三年之丧","子曰:'食夫稻,衣夫锦,于汝安否?'"17.21)的误解。问题的关键在于这个"安"能否理解为"心安"? 换言之,孔子那里的"心"是否具有道德评价的功能? 或者说,孔子仁学是否建立在自然情感的基础之上的? 对这个问题的详细讨论留待后文,本书以为孔子的"安"与其说是"心安",不如说是"理得",这也就是说对自己行为的道德评价并非"心"的职能,而属于那个"意向性自我"的内容。回到孟子思想上来,孟子直接把"仁"定义为"人心也"(11.11),所以道德完全成为"心"的本能,一切外在的礼仪和规范都是多余的累赘,而对"仁义"的掌握和考量完全是个人的事情,"由仁义行,非行仁义也"(8.19),"大人者,言不必信,行不必果,惟义所在"(8.11),他者不过是我走向自我完善的对象和工具,或者说,是"我"走向神圣绝对者的台阶。

孟子以"心性论"为孔子以来的道德哲学奠基,按照法国学者弗朗索瓦·于连的观点,这一观念的出现势属必然。他在考察中国思想史上性善与性恶之争的历史进程时发现,荀子纵然极尽当时之能事,甚至创造了极有力的概念工具(譬如"不隔"、"自然"等),但曾经来势汹汹的"性本恶"观点到头来竟也消失在思想史的深渊里。于连认为,这一现象"可以使我们明白,为什么一切功利主义的道德理论都不可能成立,甚至仅从逻辑的角度讲也是站不住脚的;换言之,就是说任何实证思想都不可能正确地理解道德。用一句话总结起来,也就是说,道德不是权利"38。抛开孟子心性论在经验上的可靠性不论,单从道德哲学来说确实是一个开创性的贡献,不妨说它是对孔子发现并提出的伦理学问题的彻底解决。新儒家对孟子心性论的推崇自不用说,傅伟勋也从现代伦理学的角度对孟子心性论给予了高度的评价,他认为,西方自休谟以来的"实然—应然"沟通问题(意即我们能否从"实然"逻辑地推演"应然"的伦理学问题)直到今天还未获致令人满意的回答。西方伦理学家几无例外,以身心活动的自然事实(如自我保存、爱好食色等本能冲动)当作"实然"的内容,而以伦理规范或价值判断规定"应然"的意涵,难怪"实然"与"应然"的二歧性很难祛除。他认为孟子高明处就在于把人性的"实然"区分为高低两个层次:"真实本然"的"实然"和"现实自然"的"实然",一方面承认人性低层次的"食色性也"之类,另一方面强调高层次的本心本性,哲理上从高层次的"实然"推出仁义道德的"应然"自毫无困难,生死关头的舍生取义或者自责自咎等良知的当下呈现即是最佳例证。在此意义上,他许孟子为"东西哲学上第一个发现人性论较伦理学占有哲理优

---

① 转引自伍晓明《吾道一以贯之:重读孔子》243—244 页。在"爱"和"敬"、"自我"和"他人"等问题上的孔孟之别已如前述,不过后儒对孟之"性爱"也多有发挥。从孟子"心就是气"的理论看,孟子"自反而诚,万物皆备于我"和后儒的"一体之仁"自无差别;不过孟子之仁爱也有等差:"君子之于物也,爱之而弗仁;于民也,仁之而弗亲。亲亲而仁民,仁民而爱物"(13.46),而且"禹思天下有溺者,由己溺之也;稷思天下有饥者,由己饥之也"(8.29),突出的还是"心之官则思"的"思"所体现出的理性内容,和后儒所谓出自本能和直觉的"一体之仁"还是有不小的差距。

位的绝顶哲学家"[39]。从伦理学——尤其是"后设伦理学"——的角度来评判孟子心性论,显然已经超出了本人的能力;怀疑孟子心性论是否陈义过高,这又和本书宗旨无关;质疑孟子本心本性是否是一种高层次的"实然",又只怕会遭到道学先生的当头棒喝。不过本书还是以为,"良知"是否人性"实然",它又如何可以"当下呈现",如果不想把它当作儒教密宗的话,最好还是留给心理学去解决。

如果把孟子思想放在儒学传统和当时思想史背景中去理解的话,我们不难发现孟子对"性"的理解已经在很大程度上悖离了原始儒家的传统看法:一是孟子本人并没有把"食色性也"的"性"归于"实然";二是孟子的"性"已非楚简中的"性"。身体欲望(孔子作"心之所欲",楚简作"性情",孟子作"小体")可能构成对道德成就的妨害,这一点孔孟是有共识的。孔子也说"多欲,焉得仁"(5.11),但他并不否认追求愉悦的合理性("富而可求也,虽执鞭之士,吾亦为之",7.12),孔子反对的是不择手段地满足自己的欲望("不以其道得之"、"不义富且贵"、"邦无道,富且贵"等等)。从《论语》看,孔子对日常生活里的愉悦抱有一种宽容乃至欣赏的轻松态度,这一点从孔子"食不厌精,脍不厌细,……饮酒无量,不及乱"(10.8)以及"吾与点也"(11.26)一节都可以看出,孔子甚至认为政治的最高目的也就是让人民获得生活的乐趣("叶公问政。子曰:近者悦,远者来",13.16),这些都和孟子的紧张大异其趣。孟子对于身体的态度比起孔子要极端得多,他把身体欲望和"心"完全对立起来,他说"体有贵贱,有大小。无以小害大,无以贱害贵。养其小者为小人,养其大者为大人"(11.14),朱熹注说:"贱而小者,口腹也",这是符合孟子本义的。孟子把身体感官称作"贱而小者",而且有"害",这表明仅仅是生理欲望的存在本身就足以构成对人的威胁,所以他强调"养心莫善于寡欲"(14.35)。此外,当孟子和告子争论"性善"的时候,其实他已经偷换了儒家传统中的"性"概念,他不是把"性"理解为身体的欲望本能,而是用"情"、"才"(11.6)等中介概念把"性"还原到最初的空白[①],也即回到所谓"赤子之心"的状态(孟子曰:"大人者,不失其赤子之心者也",8.12),然后才能提出"性善"。近年多有学者指出,孟子这些有违于儒家传统的说法多受老子影响,比如牟钟鉴认为:"孟子亦非不言老,只是不明说而已。如'大人者,不失其赤子之心者也',此受启于'含德之厚比于赤子'(《老子》55章);又'养心莫善于寡欲',此受启于'见素抱朴,少私寡欲'(《老子》19章)。"[40]在孔子和楚简《性自命出》中表现为教化成果的"志"在孟子这里完全转化为"本心"的自然属性,不仅如此,儒家传统的"性"——如孔子"性相近"之"性",告子的"食色之性",也即人的自然属性——在孟子这里被理解为后天产物,是由"心之陷溺"(11.7)和"物交物"(11.15)的结果,在一定程度上,孟子那里曾经有过的身(小体)心(大体)紧张有时又被转化为道家传统中的个人和社会的紧张,这一点主要表现为孟子关于"集义"、"养心"阐述的混乱。孟子一方面主张"浩然之气"不可凭空而得,它要经过培养才

---

① 戴震《孟子字义疏证》释"情"为"情犹素也,质也",杨伯峻并引《说文》以证明"人初生之性亦可曰才"。杨伯峻:《孟子译注》下册260页,中华书局,1960年。

能达到,培养的关键在于"配义与道",即"集义",朱熹认为孟子"集义"就是"积善",也就是说孟子也不排除道德的成长需要道德经验的积累,换言之就是"德行"要大于"德性",这是符合孔子"不践迹,亦不入于室"的根本要求的。但在另一方面,孟子"养心"又有"存夜气"和"平旦之气"的说法,"夜气"一说属于原始道家的方术,和《抱朴子》"生气"、"死气"的说法应有渊源关系。按朱熹的理解这一时期属于"平旦未与物接","物"在道家理论中是一个和"道"、"自然"相对立的贬义词,主要指的是无意义、无价值的社会生活,《庄子·齐物论》就把它称为"与物相刃相靡"的堕落过程,联系孟子对"物交物"状态的排斥,他所谓"存夜气"的"养心术"其诡异怪诞有近于术士,离群索居则又近乎隐者。相信孔子听到孟子这些不经之论,一定会批评他"隐居以求其志,行义以达其道。吾闻其语矣,未见其人也"(16.11)。

　　孟子把道德规范直接安置在"心"上,这种观念本属于儒家传统中比较偏激的观点,这一点可以从他和告子关于"义内"、"义外"的争论(11.4—11.6)中看出来。告子把人的心理活动区分为三个部分:一是"性","食色,性也","食色之性"是一种自然本能,所以"性无善无不善也",或者说"性可以为善,可以为不善"也无不可①;另两种属于道德意识的心理活动又可分为"内"、"外"两种:"吾弟则爱之,秦人之弟则不爱也",这完全是一种本能的自觉,不带任何的勉强和强制,告子以此为"内","仁"就出于这种本能,所以告子说"仁,内也,非外也";另一种受制于外部约定俗成的规矩,或者说是外部要求的心理内化,告子称为"外","义"的要求就是属于这一类,所以"义,外也,非内也"。告子的说法尽管已有对孔子仁学传统的改造和发挥,但还是有所本的,可以从郭店楚简的有关材料中找到其思想渊源。楚简关于"性"的观点已如前述,楚简《性自命出》尽管充分肯定了"性情"的合理性,但是并不认可"性"本身为善,这和告子的说法几乎如出一辙。把道德意识区分为"内意识"和"外意识"的做法,早在郭店楚简就已经出现了端倪②。只是从这些孤立的说法我们一时还难以判断在这些论述中,道德"内意识"到底更接近于孟子"不虑而得"的"良知

---

① 吕思勉先生认为"如实言之,则告子之说最为合理",他认为《孟子》提及的"可以为善,可以为不善"为周人世硕之说,此说与告子之说其实是一,这也可以证明告子的"人性论"属于比较传统的观点。吕思勉:《先秦学术概论》,79—80 页,东方出版中心,1985 年。陈鼓应也有类似看法:"我们遍读楚墓竹简,未见孟子性善论的言论,却多处出现告子'仁内义外'的主张。郭店众多儒简与孟子心性说对立,不属于所谓思孟学派甚明,而其论仁内义外之心性观点,与告子接近,这一点格外引人注意。"陈鼓应:《〈太一生水〉与〈性自命出〉发微》,收入《道家文化研究》第十七辑"郭店楚简专号",生活·读书·新知三联书店,1999 年。

② 简书《五行》已有"仁,形于内谓之德之行,不形于内谓之行。义,形于内谓之德之行,不形于内谓之行。礼,形于内谓之德之行,不形于内谓之行。智,形于内谓之德之行,不形于内谓之行。圣,形于内谓之德之行,不形于内谓之行"。简书《语丛一(物由望生)》说:"人之道也,或由中出,或由外人。由中出者,仁、忠、信。由外人者,礼、乐、刑",又说"仁生于人,义生于道。或生于内,或生于外。"

良能",还是属于《性自命出》中"教所以生德于中"的后果①。尽管楚简和告子思想更为接近,但儒家道德论由外而内的思想倾向已是十分明显,或者说,道德心性论作为孔子仁学体系中平衡功利主义道德观的另一种极端倾向已是呼之欲出了。

郭沂指出:"人们历来认为,孟子是孔学的继续和发展,孟学源于孔学。对这个问题需要作具体分析。在孟子学说中,价值观当然是儒家的,但方法论的层面却多采老子。就是说,孟子用老子的方法来解决孔子的问题"⁴¹。这一判断大致没有问题,不过我们还应该注意到孔孟之间的思想沿革另有种一以贯之的总体趋势,那就是在孟子其实是在有意无意地把孔学传统作了简单化的处理。顾立雅就曾注意到一个细节,他发现尽管《孟子》的字数是《论语》的两倍,但"学"字出现却只有《论语》的一半,他认为孟子"性善论"的出现势必压制了个人的创造性,因为人们毕竟什么也不用做就获得了德行,他相信"尽管哲学在当时的中国还是很年轻的,但有些人已经开始厌烦孔子的主张了。孔子的主张是,人们应该自己去寻求真理,并且不断根据新的经验去纠正对真理的理解——这不仅是每个人的权利,也是他们的义务"⁴²。孟子对孔子的"自我"概念的理解也是这样,如前所述,孔子是用一个社会学的"自我"概念把内和外、自我和社会(他人)结合在一起,通过一个"意向性的自我"把我和他人联系为一个有意义的整体结构,从而为道德问题奠定了意义和价值基础。而孟子则是用"气"打通了内和外、精神和自然、生理和心理之间的隔阂,孔子建立在"人我有别"基础上的"主体间性"到了孟子这里被转换为"气一本论"上物质性的"通个体性",他在这里把道德和伦理学问题转化为一个生理问题,道德的修养和进步也被简化为生理性的"养心",而理解也成为和"心"(理智)无关的气的较量。与孔子对人与人之间相互理解的悲观态度截然不同②,孟子对自己洞穿语言、知人论世的能力一向非常自信("诐辞知其所蔽,淫辞知其所陷,邪辞知其所离,遁词知其所穷",3.2),这段话显然已经涉及心和言、内和外的关系。秦汉以前,诸子百家中多有"内外相符"或"表里相应"的理论,或许有激于孔子对人际沟通和理解

---

① 比如楚简《五行》有将"仁、义、礼、智、圣"五种道德范畴分为"形于内谓之德之行"和"不形于内谓之行"的说法,郭沂以为:"所谓'形于内',即指自然形成于内在心性的道德。所谓'不形于内',是指通过学习外在的道德规范而形成的道德"(郭沂:《郭店楚简与先秦学术思想》,147页)。郭文全以《中庸》观点来解释楚简,但是楚简"性命"观念本不同于《中庸》,理由已如前述。此外,并非自然形成的道德意识就不能称作"德",这显然有悖于孔子"德行"大于"德性"的仁学传统。所以,本书认为楚简后期内容中已经出现了"道德本能"的观念,但此处的所谓"形于内"、"不形于内"还是应该联系《性自命出》来理解,所谓"形于内谓之德之行"相当于《性》文"道始于情,情生于性。始者近情,终者近义"之类,"不形于内谓之行"相当于《性》文"虽能其事,不能其心,不贵。求其心有伪也"的意思。

② 可能孔子终生都困扰于"知人",所以对"知人之难"的感叹及对伪善者的厌恶简直成为贯穿《论语》一书最重要的主题。"子曰:'巧言令色,鲜矣仁!'"(1.3、17.17)贯穿全书始尾,其间处处点缀着诸如"论笃是与。君子者乎?色庄者乎?"(11.21)和"巧言、令色、足恭,左丘明耻之,丘亦耻之。匿怨而友其人,左丘明耻之,丘亦耻之"(5.25)之类的感慨,对人和人之间相互沟通和理解的绝望简直成为《论语》一书的底色。比较如下孔子和孟子关于"知人"的描述:"子曰:'视其所以,观其所由,察其所安。人焉廋哉!人焉廋哉!'"(论语.2.10);"孟子曰:存乎人者,莫良于眸子。眸子不能掩其恶。胸中正,则眸子瞭焉;胸中不正,则眸子眊焉。听其言也,观其眸子,人焉廋哉?"(7.15),作为"行为主义者"的孔子和作为"唯'心'主义者"的孟子之间的区别固是昭然若揭,但更为关键处还在于两个人关于"理解"问题的分歧背后的东西。

所持的悲观态度,儒家学派对此强调尤甚,《大学》说"诚于中,形于外",《乐记》有"和顺积中,而英华发外"的说法,孟子也说"有诸内,必形于外",这些说法无疑都指出人的内在心境和外在表现之间有种如响斯应的对应关系。其他诸家对此种相符现象的生理学基础都是语焉不详,孟子则很清楚地把它理解为"气"的作用。从孟子对"吾知言"的标榜来看,他决不会承认内和外的对应是透明的,或者说这种对应会自然地呈现于理智面前,在这个问题上他或者会批评孔子对理解所持的纯粹理性态度。孟子相信人首先是一种气的存在形式,而不是道德更不是理性的存在物,这是理解何以可能的基础;孟子尤为强调理解者生命本身的动能,这也正是孟子"吾知言,吾善养浩然之气"中要把"知言"和"养气"合在一起的原因,这是孟子学中理解如何可能的先决条件。《庄子·人间世》说:"若一志,无听之以耳,而听之以心;无听之以心,而听之以气",去孟子不远的《文子·道德》也有"上学以圣听,中学以心听,下学以耳听",孟子和他们所指或有不同,但在理解中"气"对于"心"的优先作用,看法却是一致的。照孟子的说法,理解他人何以需要养气?这是因为理解者通过养气可以获得足够强大的生命力,直接切入他人的生命深处。他人又何以能被穿透呢?根本的原因在于他人的生命也是由气构成的。因此,个体和个体之间事实上并不存在一个绝对的"间",早有种一体化的气在彼此间往来流动,从理论上讲,一个生命力足够强大的主体完全可以单向度地穿透所有分开彼此的后天阻隔,从而直达对方的生命本源处——心。孟子诠释理论开始把理解和沟通这种心的功能气化了,但还不止于此,孟子在很大程度上把"心"完全气化了。所以孟子绝对不能接受"作者死了"这条现代诠释学原则,孟子"以意逆志"的说法肯定了作者"心志"完全可以以"气"的形式永存于语言文字等物质状态中,只需要一个"理想读者"把它从沉睡中唤醒;"以意逆志"的逆向过程就是孟子"知人论世"说,联系孟子"居移气,养移体"的说法,"知人论世"说正说明了社会、时代、环境都以某种"气"的形式参与了特定"心志"的发生过程。

心即是气,气即是心[①],孟子诠释理论和他的心性论之间存了一个显而易见的矛盾和裂痕,或者说,孟子对儒学传统的改造、他的杂学旁收,以及他本人一贯的好斗作风使得孟子在关于"志—气—心"关系的论述中也逐渐迷失了方向。战国以来"气"主要被理解为决定健康和生命的自然因素(如《国语·鲁语上》所载的"血气强固,将寿宠得没"之类),孟子也说:"气,体之充也",从心性论的角度看,这种"体气"自然应归入"小体"一类,《国语·周语中》"贪而不让,其血气不治,若禽兽焉"的看法和孟子"以大(体)治小(体)"的心性论有相近处,孟子称呼此为"以志帅气"。

---

　　① 对这一问题的讨论,自不能回避向称难解的孟子和告子"义内义外"的分歧,吕思勉先生认为"据理论之,告子之说,固为如实;然孟子之说,亦不背理"(吕思勉:《先秦学术概论》,81 页),可惜语焉不详。杨儒宾先生引韩儒丁茶山"告子之学,盖不问是非,惟以不动心为主"之说来曲为辩护(杨儒宾:《知言、践形与圣人》),从孟子言及的"不动心"的语境看,"不动心"说的正是"不丧其本心"的意思,"不问是非"的指责显然有失公允。在我看来,孟子对告子最大的不满在于,告子"不动心"理论把心和气断然剖分为异质的两截,惟以"不动心"为道德实践的终极目标,从而丧失了通过气的中介由"心"至"诚",即达到天人合一的"终极转换"的可能性。

"以志帅气"的一种表现形式是孟子所谓的"不动心","公孙丑问曰：'夫子加齐之卿相，得行道焉，虽由此霸王，不异矣。如此，则动心否乎？'孟子曰：'否；我四十不动心。'"此处"动心"相当于孟子别处的"丧其本心"和"心之陷溺"之义。此处孟子又以"持其志，无暴其气"来补充说明"不动心"，何谓"持其志，无暴其气"呢？孟子解释为"志壹则动气，气壹则动志也；今夫蹶者趋者，是气也，而反动其心"，不难看出，动心者，气也。孟子自己也承认人身有种中性的，甚至可以拖累道德意识的体气，所以无论是"养心"、"持志"还是"不动心"都是要保持心志对气的绝对支配和主宰。孟子强调心和志对于气的优先性时，还提出一种"志至焉，气次焉"的道德实在化理论，即孟子所谓"君子所性，仁义礼智，根于心，其生色也睟然，见于面，盎于背，施于四体，四体不言而喻"（13.21）的过程。孟子似乎在说，人的道德意识一经发动，会带动全身体气的自然变化，使得人全身躯体都会产生变化。孟子相信这种现象和"君子所过者化，所存者神，上下与天地合流"（13.13）一样，都是一种无可置疑的道德事实。不过这种经过改造之后的气已经远非自然之气了，或者说孟子相信生理之气完全具有和心志合而为一，并上升为道德之气的可能，换言之，原来道德问题中的身与心、精神和自然之间的二元对立自孟子开始转化为道德（精神）之气和自然之气的矛盾。

如果说孟子的气本有精神之气（大体）和自然之气（小体）的二元论倾向，以此消弭孟子孟子心性论和养气论之间的矛盾，从逻辑上看也是可以成立的①。不过孟子对孔学传统的改造，与其说是在儒道之间作调和，毋宁说是对道家"超越"境界的向往，钱穆先生论及孟庄之异同时提到，孟子之人生修养的目的亦不过"使我心常

---

① 这样一来，我们就必须承认孟子那里其实存在了三个层面的气，也就是说孟子"志至焉，气次焉"可能包含了三重意思，一是道德实践会引起自然物质的自发变化，即孟子"践形"，也就是中国传统里"修心补相"的意思，这里的气和志还是属于小体和大体的关系；第二，就孟子诠释理论而言，孟子相信道德中性的"心志"本身会通过客观化的"气"这一物质形式自发地呈现出来，这里的心志和气都是中性的；第三，道德实践会促进气的转化，即人的道德实践的过程同时也是一个从自然人向道德人和圣人的转化过程，也就是一个从自然之气的集合体向"道德之气"、"浩然之气"的集合体的转化过程。

有以超然卓立，而不为外物所蔽"，此境界最高处"已极似道家，极似庄周"①。不过孟子借用原儒的道德言路其实是在这个问题上为自己设定了一个几乎不可能完成的任务，即个人如何可能通过道德实践从而实现某种"终极性的自我转换"。孟子和告子的"人性"之争中尽失论辩风度的霸道和蛮横，已为伍非百先生所批评[43]，不过对于孟子人性论思想中的神学诉求，对于人生在世的焦虑不安，对于将自己一次性奉献出去的渴望，千载之下的我们也当有种同情之理解。对这一点其实很多人都已经注意到了，冯友兰先生论及孟子和告子关于"不动心"的争论时指出："孟施舍等所守之气，是关于人与人底关系者，而浩然之气，则是关于人与宇宙底关系者"[44]，杨儒宾也认为告子思想的实质是以心为主，其不动心即是在心的督核意志中将心和气的有机关联强行切断，因此也就无法进入由"气"通向的身心底层之性命天道层次[45]。在我看来，孟子所谓"践形"、所谓"君子所过者化，所存者神，上下与天地合流"（13.13），迹近英雄欺世之谈，其以气论心的终极目的还在于要把孔子那里"任重而道远"的"终生之忧"，通过神秘的"养气"术达到一劳永逸的"终极性自我转换"。

　　孟子借助于"气"的思想为自我和他人、人与天之间建立起自然层面的本体联系，孟子又用一个"诚"的概念为天人之际的相互理解和沟通建立起某种道德本体论的联系。从这个意义上说，孔孟之别倒是有点接近于蒂利希所区分出来的两种宗教态度的差别，蒂利希把不同的宗教形式大别为两种：一种是所谓"消除分裂"的本体论宗教，一种是所谓"陌路相逢"的宇宙论宗教。在前者，当人发现上帝时也就是发现了自己，发现了某种既与既与自己同一而又无限超越于自己的"他者"；在后

---

　　①　钱穆：《比论孟庄两家论人生修养》，钱穆：《庄老通辨》，生活·读书·新知三联书店，2002 年。不过在这里有一点需要厘清的是，孟子"超越"的目的是否为了"使心超物外"？换言之，在孟子的超越过程中，"心"到底居于何等地位？钱穆先生认为"庄生之言修养，与孟子尤有一至大之相异焉。盖庄子言修养，其工夫重于舍心以归乎气，此又与孟子之主由气以反之心者，先后轻重，适相颠倒"，此说未必尽合于孟子，如果说这里还是把孟子之"心"理解为一种道德意志或道德意识的话。和《论语》与《性自命出》等文对"志"的强调相比，孟子对"志"（道德意志）的轻视很让人吃惊（参见弗朗索瓦·于连《道德奠基——孟子和启蒙哲人的对话》，"意志之虚"章）。《孟子·尽心上》言"自反而诚，万物皆备于我，乐莫大焉"（13.4），此章虽寥寥数语，却是理解孟子思想体系的一个重要环节。东汉赵歧说："普谓人为成人已往，皆备知天下万物，常有所行矣。"南宋朱熹说："此章言万物之理具于吾身。"两家皆就人和世界的认识关系而言，但就是最博学的人也不能"备知天下万物"。此外，孟子已有"大智"和"小智"的区别，就算是"备知天下万物"，如孟子所言"千岁之日至，可坐而致也"（8.26），亦不过属于"见闻之知"的"小智"而已，何来莫大之"乐"？蒙培元先生引《说文》和《法言》以及孟子"知言"说来论证"诚就是从心中发出的真实的声音（蒙培元《心灵超越与境界》，148—150 页，人民出版社，1998 年），其说显然有误。《孟子》和《中庸》所谓的"诚"是"天之道"，是一个实在，显然不同于《说文》内外相符的"信"，"知言"者，由他人之言直抵他人"蔽、陷、离、穷"之诡恶心境，属于一个理解的问题，而这个理解离不开气的神秘作用，并非如吕思勉和钱穆二先生所言的"经验"（吕思勉，85 页）和"理性"（钱穆，241 页），总之，"知言"说不合用于孟子"自反而诚"处是一定的。另外，郭沂把"自反而诚"作"明心见性"解（郭沂《郭店楚简与先秦学术思想》，664—667 页）也是成问题的。其实，诚和心的关系，《孟子》《中庸》已经说得够清楚了，孟子说："诚者，天之道也；思诚者，人之道也"，《中庸》也说"诚者，天之道也；诚之者，人之道也"，诚作为世界的终极依据（天道）自然是外在于我的，我所能做的只是去尽体认它，接近它、实现它并力求成为它。作为天道的诚是至真至善至美的同一，是众善之善，而心无非"善端"而已，用道家的话说是"德（得）"，用儒家的话说就是分有之"性"，这正是孟子不能把心（本心）作为道德的终点而只是作为通向"诚"的起点的原因。

者，这个超越者对人而言根本上就是一个"陌生人"，是一种无法预知也无法完全把握的异己的存在形式[46]。这样一来，孔子奠基于人我有别、天人有别基础之上的仁学传统自然已是被不知不觉地消解于无形了。其实这也不能完全归咎于孟子，天和人的血缘关系，以及天的世俗性一直都是中国文化的重要遗产，楚简既有"察天人之分"的理性传统（《穷达以时》），也不乏"天生百物，人为贵"（《语丛一》）和"天大，地大，道大，王亦大。国中有四大焉，王居一焉"（《老子甲组》）这样充满自恋和自媚的话语。弗洛姆认为："当人从与自然界同一的状态中觉醒过来，发现他自己是一个与周遭大自然及人们分离的个体时，人类社会史于是开始了。然而，在历史的漫长时间中，这种觉醒一直是隐晦不显的。个人仍继续与大自然及社会，有着密切的关系。虽然他已部分地发觉，他是一个单独的个体，但是他还依然觉得，他是周遭世界的一部分"，而从孟子开始的"天人合一"思想这一被视为代表中国文化的根本倾向的观念其实正是代表了这一民族拒绝长大的无意识梦想，用弗洛姆的经典话语来说，这种对"一体化自我"①的童年记忆正反映出人类"逃避自由"的脆弱天性，弗洛姆极为清醒地指出："个人有放弃其自身独立自由的倾向，而希望去与自己不相干的某人或某种事物结合以便获取他所缺少的力量"[47]。由此看来，《中庸》所谓"唯天下至诚，可以赞天地之化育，可以赞天地之化育，则可以与天地参矣"，所谓"诚者不勉而中，不思而得，从容中道，圣人也"，自属于孟学传统的题中应有之义。这种超越境界固然是一种自由，这种自由来自于对个体生命存在中一切客体性和有限性的克服，来自于对孔子一再强调的人的"未完成性"的克服，简言之，来自于对存在主义者所谓"烦"和"操心"的克服，也就是来自于对孔子"终生之忧"的超越，不过由弗洛姆的理论看来，这种自由又何尝不能理解为对自由的逃避。对于中国人来说，相信一切可以"尽善尽美"，相信万事万物都有一个内在统一的"道"在起作用，比起承认价值分离，承认每个人都无法逃避无时无刻的自由选择，并要为自己的自由承担其无可推诿的责任，自然要轻松得多。孟子"天人合一"思想恰恰迎合了这种心态，不妨说，孟子思想在后世的显赫命运正好折射出我们民族精神中最为隐秘的一面。所以，孔子在后世被遗忘、被误解和被利用，自然也就是一种无可逃于天地之间的宿命了。

---

① 弗洛伊德、皮亚杰和弗洛姆等人都曾发现人类文化的发展和儿童心理发育具有一种同构的关系，本书正是在这个意义上使用"一体化自我"概念的。所谓"一体化自我"概念，主要取自罗伯特·凯根的心理学理论，他把"自我"的心理建构过程区分为"一体化自我"、"冲动性自我"、"唯我性自我"、"人际性自我"和"法规性自我"这样几个心理阶段，凯根认为，婴儿在子宫里的状态代表了一种无忧无虑的境界，出生本身就是人生的第一次失衡，原来完全一致的生活宣告结束，需要的满足再也不像胎儿那样方便。婴儿一开始也是生活在一个没有他人的世界里，他和他的环境具有一种共生、一体的关系，而成长则意味着对这一平衡的破坏，意味着一种不可避免的心理危机的发生（参看罗伯特·凯根《发展的自我》第三章"自我的结构"的相关内容，罗伯特·凯根：《发展的自我》，浙江教育出版社，1999年）。凯根认为，对这一心理危机的解决不是回复到旧的平衡中去，而是为他面前的现实确立一种新的意义，使其自我结构重新获得一致，以便处理他所要面临的更大的复杂性。遗憾的是，无论是庄子对原始混沌状态的留恋，还是孟子对"天人合一"的向往，都表现出拒绝长大的撒娇的一面。

注：

1 余英时:《从价值系统看中国文化的现代意义》,收入余英时《中国思想传统的现代诠释》,江苏人民出版社,1995 年。

2 黑格尔:《哲学史讲演录》,第一卷"中国哲学"部分,119 页,商务印书馆,1959 年。

3 安乐哲、郝大维:《孔子哲学思微》,157 页。

4 参见安乐哲、郝大维:《汉哲学思维的文化探源》,第二章"古典儒学中的焦点—区域式自我",引文见 44 页。

5 芬格莱特:《孔子:即凡而圣》,55 页。

6 伍晓明:《吾道一以贯之:重读孔子》,78—79 页,北京大学出版社,2003 年。

7 秦家懿、孔汉思:《中国宗教与基督教》,57 页,生活·读书·新知三联书店,1990 年。

8 (法)弗朗索瓦·于连:《道德奠基——孟子与启蒙哲人的对话》,25 页,北京大学出版社,2002 年。

9 参见(美)特伦斯·霍克斯《结构主义和符号学》,15—16 页,上海译文出版社,1987 年。

10 转引自张文喜《自我的建构和解构》94 页,上海人民出版社,2002 年。

11 伍晓明:《吾道一以贯之:重读孔子》,27 页。

12 (日)高桥进:《从现代伦理学看〈论语〉道德论的构造》,收入中国孔子基金会、新加坡东亚哲学研究所编:《儒学国际学术讨论会论文集》,上卷,齐鲁书社,1989 年。

13 高桥进:《从现代伦理学看〈论语〉道德论的构造》。

14 马克斯·舍勒:《人在宇宙中的地位》,35—36 页,贵州人民出版社,1989 年。

15 马克思:《1844 年经济学—哲学手稿》,人民出版社,1985 年。

16 参看乔治·米德《心灵、自我与社会》有关内容,引文见于 121—123、162、173 页,乔治·米德:《心灵、自我与社会》,上海译文出版社,1992 年。

17 安乐哲、郝大维:《汉哲学思维的文化探源》,29—30 页。

18 赵德:《四书笺义》,转引自陈鼓应:《庄子今注今译》(上卷),35 页,中华书局,1983 年。

19 关于合理主义的伦理观,参看乔治·米德《心灵、自我与社会》"附录 4:伦理学片断",关于"主我"、"客我"完全融合的宗教化倾向的论述,参看 240—247 页。

20 (美)罗伯特·凯根:《发展的自我》,"序言:结构与发展",浙江教育出版社,1999 年。

21 克利福德·格尔兹:《文化的解释》,122 页,译林出版社,1999 年。

22 参见彼得·贝格尔:《神圣的帷幕——宗教社会学理论之要素》,33—34 页,人民出版社,1991 年。

23 王国维:《释礼》,收入《观堂集林(外二种)》。

24 奥托:《神圣的观念》,收入刘小枫主编:《20世纪西方宗教哲学文选》(中卷),上海三联书店,1991年。

25 (美)保罗·蒂里希:《文化神学》,10页,工人出版社,1988年。

26 蒂里希:《文化神学》10页。

27 徐复观:《中国人性论史(先秦篇)》,20页。

28 马丁·布伯:《我与你》,引文分别见2、30页,生活·读书·新知三联书店,1988年。

29 马丁·布伯:《我与你》,19页。

30 转引自张文修《孔子的生命主题及其对六经的阐释》,收入《中国哲学》第二十一辑。

31 马丁·布伯:《无声的声音》,转引自何光沪:《"我与你"和"我与它"——读马丁·布伯〈我与你〉》,马丁·布伯《我与你》"附录"。

32 参见陈宁《中国古代命运观的现代诠释》第三章"儒家的命运观"有关内容,陈宁:《中国古代命运观的现代诠释》,辽宁教育出版社,1999年。

33 李天虹:《郭店楚简性自命出研究》,61页。

34 李泽厚:《初读郭店楚简印象纪要》,《郭店简与儒学研究》(《中国哲学》第二十一辑)。

35 庞朴:《郢燕书说——郭店楚简中山三器心旁文字试说》,收入武汉大学中国文化研究所编:《郭店楚简国际学术研讨会论文集》,湖北人民出版社,2000年。

36 参见宇文所安《自残与身份:上古中国对内在自我的呈现》一文。宇文所安:《他山的石头记》,江苏人民出版社,2003年。

37 葛瑞汉:《论道者——中国古代哲学论辩》,113页。

38 弗朗索瓦·于连:《道德奠基——孟子与启蒙哲人的对话》,55页,北京大学出版社,2002年。

39 傅伟勋:《儒家心性论的现代化课题》,收入《从西方哲学到禅佛教》,254页,生活·读书·新知三联书店,1989年。

40 牟钟鉴:《道教通论——兼论道家学说》,转引自郭沂《郭店楚简与先秦学术思想》636页。

41 郭沂:《郭店楚简与先秦学术思想》,636页。

42 顾立雅:《孔子与中国之道》,230页,大象出版社,2000年。

43 伍非百:《中国古名家言》,中国社会科学出版社,1983年。

44 冯友兰:《孟子浩然之气章解》,收入冯友兰《中国哲学史》(下)"附录"部分,华东师范大学出版社,2000年。

45 杨儒宾:《知言、践形与圣人》,收入中国孔子基金会编:《孔孟荀之比较——中、日、韩、越学者论儒学》,社会科学文献出版社,1994年。

46 保罗·蒂里希:《文化神学》,10 页。

47 参看弗洛姆《逃避自由》一书中的相关论述,引文见于 1 页、88 页,北方文艺出版社,1987 年。

第四章　中国美学的发生学研究

第一节　原"心"——审美主体的发生

成复旺先生认为："如果把有关艺术本质的论述也纳入美学理论的话,那么中国资格最老的美学理论大概就是《尚书》中的'诗言志'说了。虽然'言志'未必就是诗,后来提出的'缘情'说也与'言志'说有别,但在把诗之本安放在人的心中这个一般意义上来讲,'言志'说的确可以称之为中国诗论的'开山纲领'"[1]。把"诗言志"理解为"把诗安放在心上"的说法古已有之,《诗大序》认为:"诗者,志之所之也。在心为志,发言为诗。情动于中而形于言……",《礼记·乐记》对音乐的本源也有类似的判断:"凡音者,生人心者也。情动于中,故形于声;声成文,谓之音。"这一观念其后甚至延伸到书法、绘画理论当中,故有"心声"、"心画"之说(杨雄《法言》:"言,心声也;书,心画也。声、画形,君子、小人见矣"),古人"诗画同源"说在很大程度上也正是建立在这个理论基础之上的。近人闻一多也从训诂学的角度证实汉人对"言志"说的"心性论"理解是有根据的,他认为:"志与诗原来是一个字。志有三义:一记忆,二记录,三怀抱。志从'生'从'心',本义是停止在心上,停在心上亦可说是藏在心里"[2]。这样看来,艺术源于人"心",中国美学、哲学中的"志"、"性"、"情"都不过是"心"的不同表现形式,也即所谓"一心开多门"的结果,这几乎已经成为中国古代文论的不刊之论了,所以程相占先生提出:"理解人心,是理解一切人类文化创造的根本前提,其重要性是无法替代的。人类文化出于人心,用中国古代的话来说就是'心之文'。文艺活动是人心的高级活动,更是'心之文',无论如何也不能偏离人心而去寻找其他的什么'逻辑起点'。……我们可以说,心性(意识)是人类与其他动物相比最突出的类特征,对于心性的研究将是所有人学的基础,因此,心性论将是会通古今中西文论的最佳理论支点"[3]。"心"在中国美学史乃至中国思想史上的地位自然无可怀疑,不过所谓"无论如何也不能偏离人心而去寻找其他的什么'逻辑起点'"云云,结论未免下得太草率了点。本书以为,"心"在中国美学史和文学批评史上的地位并非中国文化发生的前提,而只能作中国文化发展的后果看。和程先生意见相左的是,本书以为我们恰恰需要在现成的"心"概念之外为中国美学史寻找一个新的历史起点,换言之,这也可以理解为对作为审美"主体"以及艺术"本体"的"心"概念的发生学研究。

《诗大序》和《乐记》的美学思想显然要比《尚书》一句简单的"诗言志"来得深刻而精致，不过汉儒的"心性"化理解是否合乎"言志"说的历史真相，或者说从《尚书》到《乐记》之间中国美学思想经历了一个怎样的发展和深入的历史过程，依然是一个值得讨论的问题。"志"不等于"心"，这一看法是否合理，我们可以从两个方面来判断，一是先秦时期的"心"到底属于一个什么样的概念，二是"心"和"志"到底处于一个什么样的关系。《说文》认为："心，人心，土藏，在身之中。象形。"《说文》以心配土，土为中央，既可突出心在身体五脏中的中心地位，也可看到造字之初"心"还是不脱离身体的。"心"之为体（身体），这一原初观念直到《管子》"心术"篇还得到保存，"心之在体，君之位也"。刘翔对西周至战国之间从"心"之字整理爬梳并从中得出一个结论，他认为金文中的从"心"之字可以分为两类，一类是描述心能自觉感思德性的字，如德、惠、爱、慈、忠等，从这些字里面可以看出心被理解为德性之源，是道德的根基处；一类是描述心有独立认知真理能力的字，如志、虑等，这里的"心"被理解为独立的思想体[4]。但他在文中暗示"心"的道德意识和认知能力从初民造字之始就已有潜在的表达，而孟子"本心"和荀子"知道之心"无非是"心"字题中应有之义的显明，这一看法值得商榷。这么说的理由主要有两个：第一，从逻辑上说，道德和理性意识是"自我"意识产生的结果，而自我意识主要表现为作为意识主体的"人"和自己生命状态的分离。《说文》已经表明"心"字本属象形，由出土材料看殷代卜辞和西周铭文的"心"字确实都是作心脏之形[5]，这足以说明造字之初以及很长一段时间里"心"都是作为一种身体器官来理解的。如果相信初民从一开始就能认识到"心"既属于身体，又表示一种有别于身体的理性和道德能力，这种思考，哪怕是一种最粗糙形式的思考，对于初民社会无论如何也显得过于艰深了。对"心"介乎身（体）和心（灵）之间的二元对立现象的认识要到《管子》时期才开始出现，《管子》"内业"篇特为说明"以心藏心，心之中又有心焉"，更何况《管子》"四章"在这一问题上坚持得也还不够彻底[1]，这些都可以说明《管子》等书以"气"为中介把"心"、"志"、"神"统一起来的思想在当时也绝非常识，更不必说在造字之初了。第二，从历史上看，对忠、德、志、爱、虑等从"心"的德性和理性概念的论述正是《论语》一书的旨归，但孔子也绝没有把德性和理性落实在"心"上的意思，换言之，在孔子那里还根本未见"心"有从身体中脱颖而出成为"主体"的迹象。

如前所述，孔子"自我"概念是一个三重结构（说详第三章第一节），《论语》六处提到的"心"概念主要还是落实在这个结构中的"身体"层面。《韩诗外传》"卷二"记载："孔子曰：口欲味，心欲佚，教之以仁；心欲安，身恶劳，教之以恭"，《韩诗外传》记载的孔子言论未必可靠，但联系《荀子·王霸》的说法，"夫人之情，目欲綦色，口欲綦味，鼻欲綦臭，心欲綦佚。此五綦者，人情之所必不免也"，相信传统观念多认为"心之所欲"和道德无关，这应该是可以站得住的。其实仅仅从《论语》来看，"心"不

---

① "心术"说"心之在体，君之位也"，"心也者，神之舍也"，正因为对"一心开二门"的新思想领会不深，所以还要叠床架屋在"心体"之外另立一个"神"的概念。

是主体,更不是道德主体,已经很是清楚了。但把《论语》"心"字误作"主体"的看法很是常见,有学者提出《论语》中的"心"字可以归纳为两种内涵,一是指的人的主体意识,如"七十而从心所欲不逾距"的"心"就是主观愿望、意志、意愿的意思;二是指伦理道德意识,如"其心三月不违仁"之"心"[6]。这种主流意见纯属不负责任的"想当然耳",首先它就根本没有注意到《论语》"心之所欲"和"我欲仁,斯仁至矣"之"欲"的区别,孔子还有"多欲,焉得仁"一说,可见并非所有的"欲"都有主体、意志的意思,"心之所欲"本身是非道德、非理性的自然欲望,孔子要到七十岁才可以"从心所欲"正是长期修身——"治心"——的结果;其次,孔子嘉许颜回"其心三月不违仁",更是表明道德意识属于心外之"仁",又怎么可能将它归之于"心"呢?孔子承认可以有"仁外之人"的存在,这也正说明"仁"和本然之"心"没有任何先天的关系。也有人提出孔子关于"用心"(饱食终日,无所用心,难矣哉!17.22)的说法无疑涉及了心的功能[7],这恰恰是将"志"和"心"的关系本末倒置的结果,刘宝楠《正义》引马注:"为其无所据乐善,生淫欲",《正义》也说"此率疾人之不学也",所以孔子"用心"说的无非是一种治心的"心术"而已①。"用心"不同于"心之用"处在于"心"外有一个可以"用心"的人(主体)在,这个主体不可能是"心",而只能是"我欲仁"之"我"和"志于学"、"志于道"之"我"。孔子说"非礼勿视,非礼勿听,非礼勿行,非礼勿言",对身体也就是孟子所谓"小体"的控制不是"心",而是外部的"礼",礼之要求的内化也不是"心"而是"志"。《论语》之"志"不同于"心",这一点也很明显,即便是《大戴礼记·文王官人》还有"诚在其中,志见于外"说法,亦可为志在外一证。《论语》提及"志"有十六处,但是所有的"志"都是实践性的,无论是"父在,观其志;父没,观其行"(1.11),还是"志于学"(2.4),"志"都是和"行"、"学"等外部行为联系在一起的,"志"而可以"观"、可以"夺"("三军可以夺帅,匹夫不可以夺志",9.26)、可以"言"("盍各言尔志",5.26)更可以见出"志"本非"心"之固有内容。孔曰"观志",孟曰"观心",其间的思想史意义非同小可,而这一点既来自于人论思想的心理学视角,又是和以"气"释"人"的思想分不开的。简言之,孔子不相信有什么先天不变的人性,"唯上智与下愚不移"(17.3),他更愿意相信人只能是自己选择的结果,相信他也不会拒绝存在主义者所谓"存在先于本质"的判断。明末冯少墟说:"《论语》一书,论工夫不论本体,论见在不论源头"[8],可谓见道之论。这就决定了孔子仁学更多地关注人的实践行为而非人的内在心性,如果一定要把孔子"修身"工夫理解为内外兼修的双行线,那也只能说"治心",也即内在自然的人化过程,是要从属于外在践履的,关于这一点孔子已经说得很明白了:"不践迹,亦不入于室","克、伐、怨、欲不行焉,可以为仁矣?子曰:可以为难矣,仁则吾不知也"(14.1),郭店楚简《性自命出》也持有同样的见解,即"身以为主心"。

"志"能否和"心"、"性"、"情"等概念等同理解?从上古文献看,"心"多和"情"

---

① 《性自命出》也有"用心"一说,但是两者不能等同视之,原因在于孔子那里"心"和"志"有区别,而郭店简已是"心志"不分,甚至把"志"作为"心"体之"用"来看待,二者之别不可不察。

有关。在《易经》卦爻词中，"心"字出现七次，主要是就情感而言的，如井卦九三爻辞"井渫不食，为我心恻"之类，《诗经》一书"心"字凡一百二十六见，也多指人的各种情感状态，多属《诗·小雅·正月》"正月繁霜，我心忧伤"和《大雅·瞻印》"人之云亡，心之悲矣"、"人之云亡，心之忧矣"之类。由此看来，《诗》《书》时期主要还是把"心"和各种情感体验联系在一起的，尽管在这个时候高度抽象概括的"情"概念还没有出现。情感的宣泄和表达属于无意志、非理性的自然本能，它和自觉的社会理性——即"志"——之间的区别判若云泥。文学和情感自然有极密切的关系，《诗经》多见"心"字也就不足为怪了，不过《尚书》强调"诗言志"[①]而不说"诗言心（情）"却是别有怀抱，不能作为美学命题来看。孔子说："诗，可以兴，可以观，可以群，可以怨，迩之事父，远之事君，多识于草木鸟兽之名"（17.9），孔子又把《诗·卫风·硕人》解释为"绘后事素"的"礼后"（3.8），这里哪还有一点关乎"性情"或"美学"处。"志"首先不是一个美学概念，朱自清就曾对汉代以来一以贯之的创造性误读提出质疑，他对古文献中有关"献诗陈志"、"赋诗明志"记载的研究表明，"言志"和"缘情"本非一事，而且"这种志，这种怀抱是与'礼'分不开的，也就是与政治、教化分不开的"[9]。饶宗颐根据郭店楚简中的材料也得出基本相近的看法，他认为《尚书·盘庚》"各设中于心"说的才是"定志"，他还提出："根据《尚书》记载，'志'之观念，由来已久。其实占卜亦要言'志'。我在《贞的哲学》一文中，已作具体的研究。占卜有繇辞，亦是诗的性质，殷代《归藏》的繇辞，已在湖北王家台的秦简发现。繇亦是诗的一种，是占卜的副产品。古代枚卜，要先'蔽志'，再'昆命于元龟'，其志先定，然后通过占卜的手续，询谋金同，天人共同认可（见《大禹谟》）。'蔽'训'决断'，事先作好决定，然后问卜，打定主意.亦是定志的事"[②]。两位学者入手途径各有不同，但是得出的结论却是基本一致的，那就是"志"本非"心"所内在固有的东西，它是自外而内起作用的。由此也可以看出，"心（情）"和"志"一在内一在外，一为主一为奴，一属自然一属人为，论及中国美学或者心学的发生问题时，二者之间最初的区别不可不察。从"言志"到"唯心"，或者说"心"从一个身体概念发展为道德的、美学的本"体"范畴需要经过一个漫长的思想史过程，这一转变完成于孟子和庄子，而这个转变主要得益于在孔子身后中国思想史上普遍"向内转"的心理主义热潮。

孔子身后思想界对于内在自我的浓厚兴趣已如前述，中国美学及文论思想中

①　郭店楚简《语丛一》也说"《诗》所以会古今之志也者"，可见"诗言志"确实是先秦以来的主流观念，而这和儒家"教""学"思想是分不开的，孔子所以强调人之为人必须"教"，需要"学"，正是出于对"治心"——也即自然人性必须经过人文化改造——必要性的认识。汉朝时人也多训诗为"志"，郑玄《洪范·五行传》注："诗之言志也"，《吕氏春秋·慎大览》高诱注和《楚辞·悲回风》王逸注都有"诗志也"的说法。"诗言志"或者"诗，志也"的说法由来已久，但汉人却已改变了"志"字的内涵，闻一多试图从汉人论述中求得"诗言志"的历史真相，岂非缘木而求鱼。

②　饶宗颐：《诗言志再辨——以郭店楚简资料为中心》，收入武汉大学中国文化研究院编：《郭店楚简国际学术讨论会文集》，湖北人民出版社，2000 年。饶宗颐在别处也有类似发现，他认为："占卜在《尚书·大禹谟》中所说'先辟志，昆命于元龟'，好像占卜者预先已有初步的主意，然后问卜，故《尚书·洪范》云'人谋鬼谋'，人谋还是第一位，不是完全依靠神的意旨。占卜是借用神力，来 confirm 人谋先前的决定"（饶宗颐：《历史家对萨满主义应重新作反思与检讨——"巫"的新认识》，王元化主编：《释中国》卷三，上海文艺出版社，），和此处观点正好可以相互印证。

的"心学"传统大致奠基于这一时期，从现有文献来看，应在《性自命出》到《庄子》的这一段时期。由郭店楚简《性自命出》一文看，"心"在这一时期已有从身体逸出的迹象。如前述，孔子的"人"主要是一个社会性的概念，所以缺乏对"人"进行内在分析的兴趣，或者说孔子仁学并非建立在心理情感的基础之上的，而且在他看来纯属自然的身体如果不能转化为社会性的符号也是无意义的，仅从理论上说也没有对人进行心理分析解释的必要，故而孔子往往只用一个"身"字（如"吾日三省吾身"的"身"和"杀身成仁"的"身"）涵盖人的自然属性（身体、生命）和社会属性（社会角色、客我），而孔子的"心"也没能超越生理欲望并进而发育成一个独立的思想范畴。到了楚简时代已经完全不一样了，一方面是浓重的心理学语境和气思想的成熟决定了以内在心性进入道德问题的心理学言路的必要性和可行性，另一方面则是因为楚简《性自命出》已经放弃了孔子仁学中不合时宜的"神圣性"内容，转而把"礼乐"制度的合法性完全建立在心理情感（情、性）的基础之上，这一切都决定了楚简对内在人性的心理分析的理论趋向。在楚简那里，"心"和身体的区分首先开始于"心"和"耳目鼻口手足"等感觉器官的分离，楚简《五行》："耳目鼻口手足六者，心之役也。心曰唯，莫敢不唯；诺，莫敢不诺；进，莫敢不进；后，莫敢不后；深，莫敢不深；浅，莫敢不浅。""心"和感官的同一性以及"心"对感官的支配作用，属于楚简以前的传统见解，这一点从孔子仅以"心之欲"总领所有身体欲望的语言习惯中大致可以推测出来。但在楚简中所有来自于自然生命的感性内容都被归之于"性"[10]，性的外在表达被称为"情"，"性情"成为一组对立于"心志"的概念，《性》文说："凡人虽有性，心无定志，待物而后作"，以及"四海之内，其性一也，其用心各异，教使然也"，都可以看出楚简把"心"和"性"有意识地加以区别的倾向。"性情"被表达为人所先天固有的内在感性内容，而"心（志）"则受制于外界的刺激以及后天的教养和学习，在这里"心"已被虚化为一种心理功能，其职能主要在于对"性情"的控制和主宰。"心"对于身体的绝对主宰并不一定意味着道德成为人的必然选择，这是因为楚简的"心"本身还只是一种盲目、冲动和非理性的自然力量，它还是处于从自然之"心"到本体之"心"的思想史过渡环节，楚简《缁衣》"心以体废"一说正是出于对一无凭依的自然"心"陷入身体的无边欲望之中的恐惧。《尚书·大禹谟》有言"人心惟危，道心惟微"，为了弥合"人心"和"道心"之间所可能出现的裂痕，楚简一是强调人自然本能"性情"的合理性，一是开始将"志"从一个外部世界的政治学、伦理学概念转化为一个心理学概念。由楚简《性》文看，这个"志"甚至可以理解为"心"的意向性。明代学者刘宗周认为："心之所存，渊然有定向。……止言心，则心只是径寸虚体耳；著个意字，方见下了定盘针，有子午可指"（《刘子全书·问答》）[11]，这里的"心"和"意"的关系完全可以移用于楚简的"心""志"关系上。

楚简认为，人之为人处不在于人有天命之"性"来作为保证，从自然人向社会人、道德人转化的临界点就在于人可以通过学习、教育和社会交往获得一颗有"志"之"心"。《性》文认为，"性"是内在于人的自然本能，或者说属于可观察的外部情感表现的内在对应物，"性"是为人不可改变的先天所在，其合理性自不容置疑，但是

"性"的流露和表达却是离不开外部社会,所谓"喜怒哀乐之气,性也。及其见于外,则物取之也",所以由"性"到"情"的生理过程必然同时又是一个社会化过程。《性》文既说"凡性为主,物取之也",又说"人之虽有性,心弗取不出"①,从全文推测,简文此处意在强调物之取性,须以心为中介,由"心"为之作出道德与理性评价、判断和抉择。缺乏这种道德意向能力的"心"还只是一颗自然之"心",这样在性和情之间、人与物之间就只能存在一种无阻隔的本能关系和功利关系,这正是《缁衣》所谓"心以体废"和《庄子》所谓"人化物",这样的人也正是孔子说的"仁外之人"和孟子所谓的"小人"。教育和学习可以触及人"心",即为"心"立"志"或"生德于中",通过"心"来间接地作用于"性",这正是楚简"乐教"思想的理论基础。人之异于禽兽不在于人"性",而在于人"心",更准确地说,在于人可以通过社会交往以获得"心志",而"有志之心"或"心之志"完全属于社会理性的心理成果,楚简对此有极为明确的说明,"凡心有志也,无与不可。人之不可独行,犹口之不可独言也。牛生而长,雁生而伸,其性使然,人而学或使之也"。性之为"天性",正说明性之不可改变②,性之为"人性",正在于在人类社会中"性"之表达是不自由的,它必然而且必须受到外部世界尤其是他人(社会)的约束,这种外在约束的内在化和心理化就是"志"。细检《性》文全篇,并无一言论及对"性"的改造,心志的功能只是在于对"性—物—情"之间自然关系的评价和抉择,对性之表达强度的节制或强化,换言之,心志的功能就在于为内在性(情)和外部世界之间建立起某种合"情"合"礼"的符号性联系。《论语》"关雎,乐而不淫,哀而不伤"(3.20)说的正是"志"之于"心","心"之于"性情"的节制和疏导,而这个"心(有志之心)"已经是社会交往和道德实践的文化心理积淀,换言之,"心"不是道德的起点和标准,而是道德的成就和后果,这也正是《性》文最后所说的"身以为主心"的意义。

从目前学术界的热情来看,郭店楚简在思想史上承前启后的地位已是学界共识,就"(心)志"的非自然性而言,它近乎《荀子》的"化性起伪"说;就"性(情)"的充分合理性而言,它又有近于《孟子》的"性善"论;如果考虑到简文潜在的身心二元理论以及以"气"论"心"的言路,它和《庄子》的关系恐怕也不容忽视。不过本书还是坚持一个观点,即至少《性自命出》一文和《论语》的关系较之于后来者而言要密切许多,在陶醉于楚简丰富的心理学材料的同时,我们也不能忽略了《性》文的最后一句话才代表了全书的旨归,"君子身以为主心"。如果说《论语》身体观要求的是把物质化身体作为社会性表意符号的开放之路(说详第三章第一节),《性》文则在为

---

① 李零《郭店楚简校读记(增订本)》此处句读为"人之虽有性心,弗取不出",但简文处处流露出"性"与"心"分属人的心理结构的不同层面,细检全文并无"性心"合称的用法。所以此处从李天虹《郭店竹简性自命出研究》的处理。

② 《性》文有"动性"、"逆性"、"交性"、"厉性"和"长性"等说法,细绎文义,这里说的其实都是"情"和"志",也就是就"性"和外界所可能有以及所应该有的"关系"而言的。物之"动性"已如前说,而"逆性"之"逆",分明说的是"情",简文说"逆性者,悦也",《尔雅·释言》:"逆,迎也",《韩诗外传》:"见色而悦谓之逆",简文正用此意。简文说"长性者,道也",下文说"凡道,心术为主",即言"长性"也必须由"心术"(即"治心")入手。

《论语》"不学礼,无以成人"这一伦理学命题提供心理学论证的过程中为后来者打开了一条通往"心"学的通道,或许《性自命出》等简文的思想史意义只有通过孟子、庄子等后来者的"创造性误读"才能被折射出来。郭店楚简之后,无论孟子"以志帅气"(《孟子·公孙丑上》)的说法,还是庄子"若一志"(《庄子·人间世》)、"用志不分"(《庄子·达生》)的观点,或者荀子"志为心藏"(《荀子·解蔽》)的理论,尽管其理论初衷及其旨归各有不同,但都是把"志"反推从而建立在"心"的基础之上,完全把"志"视为先天之"心"体之用,看起来势同水火的各家各派在这个问题上倒是出奇地一致。楚简之后,"心"已经完全取代了"志"的地位,成为人之为人的根本规定性。在这样的"心学"背景下,汉人把"诗言志"的"志"理解为"心",自不足为奇。由此看来,把郭店楚简视为中国美学中至关重要的"心学"理论的思想起点,应该是虽不中也不远了。

"心"的发现,究其实际无非是人的"自我"发现,是对人的"主体性"的发现。如前所述,人的自我意识来自于人把自我作为对象的分离,即"自我意识"和作为自我意识对象的"自我"的分离,这种分离也在很大程度上表现为"心"和"身体"的分离,而"心"在自我结构中的地位上升也往往表现为"心"和身体渐行渐远的倾向。老子是把"心"和身体其他器官一律作平等观的,"五色令人目盲,五音令人耳聋,五味令人口爽,驰骋田猎令人心发狂,难得之货,令人行妨"(《老子》12章),在他看来"心"的功能无非"知"和"欲"两种,所以才提出"虚其心"的要求(《老子》3章)。孟子无疑属于心性之学的先驱者,但在他那里"心"往往还是和"口耳目"等感觉器官处于平等地位的,"心"对于"口耳目"自有其价值上的优越性,但就"心"还具有情感、欲望这一点来说,心依然未脱"体"(大体)的层面。不过孟子以"自反而诚,上下与天地合流"把"心"和"天"联系起来,而老子经"虚静"工夫处理之后的"心"也绝非空白,两种不同层次的"心"的存在已经是呼之欲出,到《荀子·正名》以"形之君"、"神明之主"和"天君"来命名这个"天心"、"道心",《庄子·齐物论》以"吾丧我"来描述老子"虚静"工夫,只是把这已经存在的两种"心"之间的关系点破而已[1]。将"自我意识"完全归之于"心"之后,人们必然要面对这样一些问题,"心"又存在于哪里呢?"我"的"心"和我的身体处于什么样的关系之中呢?一言以蔽之,即"自我"同一性的依据何在的问题。按照常识的眼光,"我"自然是一切内在于我的意志、情感和知识的总和,但在庄子看来,这个"我"只是一团乱麻,"可行已信,而不见其形,有情而无形",人人、处处、时时都有个"我"在,但使我成为"我"的那个"真君"、"真宰"又在哪里呢?《庄子·齐物论》把这一严肃的哲学思考化作亦庄亦谐的"卮言":"百骸、九窍、六藏,赅而存焉,吾谁与为亲?汝皆说之乎?其有私焉?如是皆有为臣妾乎?其臣妾不足以相治乎?其递相为君臣乎?其有真君存焉?如求得其情与不得,无损益乎其真。一受其成形,不化以待尽。"

在庄子看来,试图从这些现象的复数形式的"我"中去寻求一个"真我"岂非愚不可及的事,其荒唐就如同要从大自然声响里面抽象出一个绝对的"声音"一样可笑,"吹万不同,而使其自己也,咸其自取,怒者其谁邪!"同样的道理,"我"的存在也当作如是观,"非彼(知、情、意——引者注)无我,非我无所取",人们习以为常的"我",其实说的都是"我的欲望"、"我的好恶"和"我的经验"而已,要从这些现象中求得一个实在的"我",用维特根斯坦的话说,其实是犯了一个词性误用的形式逻辑错误[2]。一旦让"我"从物我对待的相对关系中解脱出来,又哪来的"我"呢?王夫之

---

① 先秦以降各家论及身心关系的思想史脉络,可参看(日)池田知久《马王堆汉墓帛书〈五行篇〉所见的身心问题》一文的有关论述(收入湖南省博物馆编:《马王堆汉墓研究文集——1992 年马王堆汉墓国际学术讨论会论文选》,湖南出版社,1994 年)。不过池田先生主张荀子为"二心"说的第一人,或有值得商榷的余地。《老子》既有属于口体一类的"心",但经"虚静"之后的"心"并非虚无,其"剩余者"《老子》称之为"愚人之心"(《老子》20 章),"二心"之义甚明。此外,郭店楚简《五行》、《语丛一》和《六德》等文也早有"中心/外心"、"内心/外心"的区分,根据郭齐勇先生的看法,楚简《五行》篇所谓"心之独"的用法属于帛书《五行》"舍体"思想的先声,即"心与形体由合一又走向分离(独),走向超越神圣层面"(郭齐勇:《郭店楚简身心观发微》,收入《郭店楚简国际学术研讨会论文集》)。另外,孟子之"心"也不是完全处于"身体"层面,孟子坚决反对告子"不得于心,勿求于气"的原因就在于孟子坚持由"心"向上超越的可能。说到底,孟子的"本心"无非"善端"而已,不过从天分有的"德(得)",超越无非就是从"善端"向"至善(诚)"的转换,即所谓"思诚"(《孟子》)和"诚之"(《中庸》)的过程。就身心关系而言,孟子和老庄的思想并无二致,但在超越的入手工夫上却是大相径庭,简言之,道家讲的是"损之又损"的减法,而孟子讲的是"成物"然后"成己"的加法。这一点正如冯友兰先生所指出的:"孔孟亦求最高境界,不过其所用方法与道家不同。道家所用底方法,是去知。由去知而忘我以得与万物浑然一体的境界。孔孟的方法是集义。由集义而克己,以得与万物浑然一体的境界。孔孟用集义的方法,所得到底是在情感上与万物为一。道家用去知的方法,所得到底是在知识上与万物为一。所以儒家的圣人常有所谓'民胞物与'之怀,道家的圣人常有所谓'遗世独立'之慨。儒家的圣人的心是热烈底,道家的圣人的心是冷静的"(冯友兰:《新原道》,48—49 页,商务印书馆,1945 年)。不过冯先生以宋儒"民胞物与"说把孔孟一体包括,未免粗放有余,本书以为孔子的超越之道本不同于孟子,而孔子根本就没有孟子一类的"终极转换"(关于这一点,说详本书第三章)。此外还有一点需要说明的是,儒家的"一"和道家的"独"这两种修身理论在帛书《五行》都有体现((日)池田知久:《马王堆汉墓帛书〈五行篇〉所见的身心问题》),由此看来,所谓儒家是 X,道家是 Y,这样整齐划一的思想史描述其可靠程度值得怀疑。

② 维特根斯坦在他的《美学讲演录》中指出,美学最大的误解就在于对"美"的词性误用,当人们说某物"美"的时候,"美"字实际上是作为形容词来使用的,而在理解中,人们往往误把对事物的形容当作某物的属性,这种化相对为绝对的行为使人们将假问题当作了真问题来看待(转引自张法:《20 世纪西方美学史》,14 页,中国人民大学出版社,1990 年)。从这个角度看,庄子认为人们追求一个实在的"我"也是犯了一个同样的错误,即误把"我的"的"我"当作一个"我"实体来看待。

《庄子解》注《齐物论》"吾丧我"一节时指出，"我丧而耦丧，耦丧而我丧，无则俱无"，可谓的解。庄子可以怀疑一个相对世界中的"我"的存在，但他并不怀疑确实有一个绝对真实的"真我"即"吾"的存在，他对"吾"的求证正是通过把"我"悬置起来，即用所谓"吾丧我"的方法来求得人之为人的那一个"真君"，借用现象学理论来说，我们必须首先承认某种绝对真实的"我"的存在为无可置疑的事实，并以此作为理论演绎的第一原则，经过现象学的层层"还原"以求得这个"真我"的本质性构造，这个现象学还原过程在老子为"虚其心"和"弱其志"，在庄子为"吾丧我"，在孟子为"求其放心"，各家说法不一，但其把所有衍生的经验性内容（我）和外部世界（心外之物）是否存在及其如何存在的判断都"一起放进括弧里悬置起来"的排除法却有共通之处。这个"损之又损"的悬置过程，用庄子的话说，就是一个"坐忘"的过程："颜回曰：回益矣。仲尼曰：何谓也？曰：回忘仁义矣。曰：可也，犹未也。他日复见，曰：回益矣。曰：何谓也？曰：回忘礼乐矣。曰：可也，犹未也。他日复见，曰：回益矣。曰：何谓也？曰：回坐忘矣。仲尼蹴然曰：何谓坐忘？颜回曰：堕肢体，黜聪明，离形去知，同于大通，此谓坐忘"，"三日而后能外天下。已外天下矣，吾又守之，七日而后能外物。已外物矣，吾又守之，九日而后能外生。已外生矣，而后能朝彻。朝彻而后能见独，见独而后能无古今，无古今而后能入于不生不死"（《庄子·大宗师》）。简言之，这个"坐忘"的过程就是一个破"我执"的过程，即通过"去知"和"忘情"的手段把一切"我"存在的幻象统统打得粉碎。

在庄子看来，排除掉一切非本质的现象之后，还有一个排除不了的绝对存在，"虽忘乎故吾，吾有不忘者存"（《庄子·田子方》），这个忘不了、去不掉的绝对者就是"吾"，它的存在形式就是"心斋"（《庄子·人间世》），它的存在状态就是"适"，"忘足，履之适；忘要，带之适；知忘是非，心之适也；不内变，不外从，事会之适也。始乎始而未尝不适者，忘适之适也"（《庄子·达生》）。郭象注"吾丧我"一节说："吾丧我，我自忘矣。我自忘矣，天下有何物足识哉？故都忘外内，然后超然俱得。"《庄子·逍遥游》以"无待"说"无己"，《齐物论》以"齐物"说"丧我"，二者其实是一而二、二而一的问题，"无我无物"并非一个空无，说的是"忘物忘我"，也即"我自性（吾）"和"物自性"都不必求助于对方、作用于对方以获得对象化的确认，如此物和我方能归于自然，获得自由。这种物和我的绝对自由，《齐物论》称之为"两行"，即王先谦所谓"物与我各得其所"，也即郭象所谓"超然俱得"。在这个"两行"关系中，物和我都摆脱了存在的客体性和相对性，从而获得了生命存在的绝对自由。徐复观先生说："庄子的无己，与慎到的去己，是有分别的。总说一句，慎到的去己是一去百去；而庄子的无己，只是去掉形骸之己，让自己的精神从形骸中突破出来，而上升到自己与万物相通的根源之地"[①]。这个心灵的自由，庄子称之为"逍遥游"，就非肉体的精

---

① 徐复观：《中国人性论史（先秦篇）》，352页，上海三联书店，2001年。从庄子的"无己"、"丧我"到"道通为一"和"天人合一"，即徐复观先生所谓"上升到自己与万物相通的根源之地"，其间思想差距自不能小视，徐先生在这里未免把庄子看得简单了。崔宜明先生就此批评他"话虽说得粗略了一点，但看到了问题之所在"（崔宜明：《生存与智慧——庄子哲学的现代阐释》，142页，上海人民出版社，1996年），应是公允之论。

神超越以及超越境界的绝对自由而言，《庄子》"逍遥游"和"真人"、"至人"、"神人"和《中庸》"诚者不勉而中，不思而得，从容中道"的"圣人"并没有多大的区别，而《庄子》"乘物以游心"（《人间世》）、"吾游心于物之初"（《田子方》）以及"浮游于万物之祖"（《山木》）和《孟子》"自反而诚，万物皆备于我，乐莫大焉"之类的"观物"、"体物"思想对中国美学"神与物游"（语出《文心雕龙·神思》）观念的影响更是人所周知的常识问题了。冯友兰先生不拘儒道把这种绝对自由的心灵境界称作人生最高处的"天地境界"，他以"玄心"、"洞见"、"妙赏"和"深情"来规定这一境界[12]，由此四种规定看，这种境界与其说是一种哲学境界、道德境界或者人生境界，真还不如说是美学境界。

这一境界大则大矣，美则美矣，不过一旦诉诸实践的话，即便能幸免于道德专制的危险，也必有流于荒唐滑稽的余弊，逃杨者归墨，逃墨者归杨，儒道后学的历史命运已经演示得很清楚了①。《庄子·山木》有言："君其涉于江而浮于海，望之而不见其崖，愈往而不知其所穷。送君者皆自崖而反，君自此远矣。"向来读《庄》读《孟》者也都只有"自崖而返"，目送这些超越者在无限绝对的世界中渐行渐远，我们这些俗人也只能怅然而返，把这些雄奇诡丽的无限和自由留在想象的审美世界中。克尔凯廓尔曾经说过："也许一切的哲学系统，到头来只能视作美学成就来欣赏罢了"[13]，这句话用于说明中国思想史和中国美学史的同构性倒真是传神得很。"东邻杀牛，不如西邻之禴祭，实受其福"，哲学播下了种子，结出的果实却落在了美学的园地里，这个果实就是奠定中国美学基石的"大心"说。所谓"大心"，按照黄霖等先生的理解，"就是在'体物'过程中把整个世界心化，世界实际上就成为'心'的扩大化。张载在《正蒙·大心》篇中拈出'大心'这一概念时说：'大其心则能体天下之物……其视天下无一物非我'。这就是说，通过张扬主体之心，就能消除物我的对立，将天下之物都变成心的大化和外化。后朱熹在解释'体天下之物'的'体'字时说：'此是置心在物中究见其理'。所谓'置心物中'，也就是将物心化。至于程颢所说的'只心便是天，尽之便知性，知性便知天。当取便认取，更不可外求'，以及陆王心学所标榜的'心外无物，心外无事，心外无理，心外无义，心外无善'等等，则更不承认有物我区别，将世界一切都归结于我之心了。总之，中国原人哲学的首要精神和主要特征即在于将人之心'大化'，从而将世界心化。这也就成了构建中国古代文学理论批评体系的主要基石"[14]。所以中国古代文人作文则"精骛八极，心游万仞"，论画则"以一管之笔，拟太虚之体"，而毫不感到心虚胆怯的原因正在于有一个"大心"在。沈括《梦溪笔谈》把它归纳为一种"以大观小之法"："李成画山上亭馆及

---

① 在我们这个所谓"道德理想国"里，"礼教杀人"的道德恐怖主义活动并非罕见，而那种"满街都是圣人"或"神州六亿皆舜尧"的乐观主义从古至今听起来倒更像是一种具黑色幽默精神的反讽。比较起来，倒是庄子讥讽为"劳神明以为一"的庄学末流更为诚实，更富于科学精神和身体力行的实践精神，比如《庄子》说过"丧我而得吾"，他们就一定要从身体中找到这个"吾"（参看〔法〕施舟人《道与吾》一文，收入施舟人《中国文化基因库》，北京大学出版社，2002年），不过较之于古往今来那些出主入奴的文化巫师来说，这些历史上的喜剧人物真是老实得近于可爱了。

阁楼之类,皆仰画飞檐。其说以谓'自下望上,如人立平地望塔檐间,见其榱桷'。此论非也。大都山水之法,盖以大观小,如人观假山耳。若同真山之法,以下望上,只合见一重山,岂可重重悉见,兼不应见其溪谷间事。又如屋舍,亦不应见中庭及巷中事。若人在东立,则山西便合是远境。人在西立,则山东却合是远境。似此如何成画?李君盖不知以大观小之法,其间折高、折远,自有妙理,岂在掀屋角也?"这种"以大观小之法",宗白华先生称作"用心灵的眼,笼罩全局","用'俯仰自得'的精神来欣赏宇宙"[15],可以说这种"以大观小"的美学精神正是得益于庄子"游心于万物之初"、"磅礴万物以为一"和"独与天地精神往来"以及孟子"万物皆备于我"的境界理论。

第二节　观"象"——人对世界的审美态度

"象"在中国文化以及中国美学中的重要地位,前贤申之已详,本无后学者可以置喙的余裕。不过"象"从文字之"象"和文化之"象"到审美对"象"的转化过程[①],却是一个值得深究的问题。论及中国美学理论中的"象",首先需要从"象"在审美经

---

①　作为一个明确的哲学概念的"象"的出现可能要迟至楚简《老子》,而作为美学概念的"象"的产生甚至还要等到魏晋,但是"象"意识的出现要早得多。王树人、喻柏林两先生就把中国文化中的"尚象"传统一直追溯到汉字发生的文化源头,他们认为以"象形"为基础的汉字具有一种可以蕴涵大量信息的"多维编码"性质,故而中国传统思维的基本特点,比如整体性思维、直觉、内省和体悟、经验的辩证性等等,都和汉字的象形性有着不可分的内在联系,"中国传统思维的框架与方法,都基于取'象'并在'象'的转换和流动中完成思想的生产。中国传统思维方式的其他特性(如'富艺术性'、'天人合一的整体观'以及'动态平衡观'等——引者注)都是由这个'象'的性质所决定的"(王树人、喻柏林:《传统智慧再发现》,上卷16—41页,引文见下卷189页,作家出版社,1996年);汪涌豪先生也指出:"每个汉字是一个意义集成块,每一集成块又都充满着象形的意味,而不是抽象的代码组合",因此,"每个汉字都是一个隐喻结构,它通常不指向抽象的事理,而指向具象的世界及这个世界万事万物的真谛,并且主要是生命主体生生不息的运动结构。它与具体的生活事象和生命事象的联系有显有幽,但基于隐喻的召唤功能无疑是强大的"(汪涌豪:《范畴论》,28页、35页,复旦大学出版社,1999年);法国汉学家葛兰言也有过类似的判断,他认为"中国人所用的语言,是特别为'描述'而创造的,不是为分类而造的,那是一种可以触发特别感情,为诗人和怀古家所设计的语言,而不是为了下定义或判断而设计的语言"(转引自方师铎《中国语言的特性及其对中国文学的影响》,收入刘小枫编:《中国文化的特质》,生活·读书·新知三联书店,1990年)。汉语是否适用于逻辑思辨,葛兰言先生的判断需要放在战国时期的名辨传统的大背景中去考察,不过它对汉语"描述性"的发现和上述几家的观点倒有相互发明之处。王振复先生则更多地从《周易》本经的符号系统本身论及"象"传统的发生,他认为"《周易》巫学也是其美学的基点是阴阳符号,由阴爻、阳爻、八卦、六十四卦所构成的'符号关系场',构建了一个涵蕴着一定数理文化内容的'宇宙秩序'。《周易》文化与美学智慧的特异性首先是由其独立的符号体系所决定的,这种符号体系可用一个字来概括,就是'象'"。虽然"成书于殷周之际的《周易》本文卦爻辞中始终未见一个'象'字,然而《周易》本文庞大的卦爻'符号关系场',就是后来《易传》所说的'象'。这足以证明,在中华古人的原始思维中,起码在殷周之际,已有关于'象'的文化意识"(王振复:《周易的美学智慧》,168页、170页,湖南出版社,1991年);汪裕雄先生也持相近的看法,他承认"'象'一语的出现,诚然只能在语言文字符号之后。至于'象'作为符号性范畴的形成,更是词义、词性长期衍申的结果",但他强调"'象'这一文化符号的出现,即或不在语言文字符号之前,至少也与之平行"(汪裕雄:《意象探源》,27—29页,安徽教育出版社,1996年)。"象"是源于"象"形还是卦"象",上引诸先生的看法不尽相同,但有一点却是无疑,即"象"意识的发生要远远早于哲学之"象"和美学之"象",不过由无心之"象"到审美对"象"的转化过程却非一个"自然而然"的过程,这牵涉到人对于自我以及对人和世界的关系的认识态度的改变,这也是本书从"心—物"关系的角度来论述"象"的理由。

验中的对应者—"心"—的出现开始。"心物关系"是中国美学史上的一个重要话题，不过和"心"概念的上升一致的却是"物"概念地位的下降，换言之，随着中国美学和文论思想的"心学"化过程的却是"物"概念在中国美学史上逐渐淡出。本书以为，心物之间这种此消彼长的过程背后，显然潜伏了人对自我和世界关系的一种认识超越，简而言之，即世界首先表现为一种物存在形式的总和，但作为"我"存在于其中的世界，或者说世界作为对"我"的存在意义的确认者，又不能仅仅只是一种物的存在，其原因在于我从根本上讲只是一种物，但我又不能自居于物，停留在物的层面。

《庄子·逍遥游》率先质疑的正是人对世界所取的物化态度，并把这个问题提升到某种本体性的存在维度上来："惠子谓庄子曰：'吾有大树，人谓之樗。其大本臃肿而不中绳墨，其小枝卷曲而不中规矩，立之涂，匠者不顾。'"庄子笔下这棵奇怪的大树正是凭借它的"无用"得以从人类精心编织的"物体系"罗网中逃逸出来，它在沉默中中止了一切对它的价值判断和理性判断，这使它成为蝇营狗苟的众生眼中的"不存在"（"匠者不顾"），却成为惠施理性而自足的"概念世界"里心怀叵测的颠覆者。在庄子看来，大树的无言独立已经使得我们常识化了的技术世界观和理性世界观出现了致命的破绽，"树"是因为其"有用性"才成为"树"？是因为其"可理解性"才成为"树"？或者说，树之为树就在于它本来就是一棵树，它本来就是作为一棵树"自然"①存在的？大树的故事自然属于庄子的"卮言"、"寓言"一类，庄子在这里质疑的正是人对世界以自我为尺度的有用无用的价值判断，也同时质疑了人类以自我为中心的对世界任意宰割、规范和命名的"逻各斯中心主义"的理性态度。庄子在这里要求让物回到"自然"，也就是让物回到物本身。让物回到物本身，同时也就意味着让人自己回到人本身，因为人对于物的占有和支配同时也意味着物对于人的占有和支配，这正是庄子所警惕的"心为物役"。物之为物正在于它是一种心外之物，根据庄子的说法，这种外物有三类：自然界、社会界和身体，作为人之为人的本质规定性的"心"如果不能超越对于外物的指向，也即为外物所羁累，《逍遥游》称之为"有待"。庄子从"知效一官，行比一乡，德合一君而征一国者"开始，历数超越过程里"有待者"的种种情状，"举世加誉而不加劝，举世非之而不加沮"的宋荣子，在庄子看来"犹有未树也"，周武注："然定内外，辨荣辱，是尚有物我荣辱之见存，犹未能脱然无累，卓然自树也"[16]；即便是"列子御风而行，……此虽免乎行，犹有所待者也"，风犹然是物；"若夫乘天地之正，而御六气之辨，以游无穷者，彼且恶乎

---

①　何谓"自然"？流行的解释有三种：一是"自己如此"；二是"自然如此"；三是"自然而然"。郭沂认为这三种解释都把"然"释为"如此"，这个"此"下得有点莫名其妙，而老庄也从未作过如此说明。他认为此处"自"当训作"本始、本初"，而"然"相当于今天"……的样子"，故而"自然"一词应理解为"本来的样子、本来的状态"（参看郭沂《郭店楚简与先秦学术思想》674—675页相关论述）。顺着这种思路来看，世界何以丧失了本来的样子而变成了物？老庄都相信这是由于人把自己从世界区分出来的结果，从自然分离出来的人开始把世界变成自己控制、占有和利用的对象，也即把世界"物化"了，这种物化过程或者把世界变成自我欲望、意志和目的的对象，即把无限的世界转化为一种狭隘的物质性的有用性判断，或者通过语言把历史性的世界转化为固着的概念之总和。由此进入，我们方可理解语言批判为什么构成老庄社会批判理论的重要内容。

待哉！故曰：至人无己，神人无功，圣人无名"。"己"、"功"、"名"在庄子看来都是"物累"，超越"物累"的至高之境就是达到"无待"，"无待"便是"逍遥"。《庄子》多从心物关系论及逍遥境界，"之人也，之德也，将旁礴万物以为一……孰肯以物为事？"（《逍遥游》）、"彼且何肯以物为事乎？"（《德充符》）、"外天地，遗万物"（《天道》）和"物物而不物于物"（《山木》）等等。

"外物"并不意味着人和世界的隔绝，人在世界上的存在离不开物，更何况除了"身外之物"之外，人本身就是一个物（身体）的存在。正如《庄子》所谓"无己"和"丧我"绝非一个虚"无"一样，《庄子》所谓"无为"也不是"不作为"，而是一种"无心之为"、"无意之为"。依照庄子的看法，一切有意为之的行为都无非是将我推到世界的对立面，我对物的占有和利用从另一角度看也是物对我的奴役和消耗，《齐物论》称之为"与物相刃相靡"的彼此伤害的过程。我固然可以通过我的对象化行为获得对我的确认，但一切"有为"都是不"自然"的、片面的行为，正如我对物的感官兴趣所确认的无非是我的动物性，对物的技术态度和知识态度也不过是对我的片面性乃至"非人性"的确认，这是对物的异化，更是对人的异化。所以文惠君惊叹于庖丁的表演时说"善哉！技盖至此乎？"，庖丁一定要辩解："臣之所好者道也，进乎技矣。""庖丁解牛"的故事看起来是一个关于技术的神话，实际上说的是人和世界的关系，人所能做的、人应该做的只能是让世界及其意义"自然"地"显现"出来，正如庖丁所做的不过就是让牛的"可解性"自然呈现出来一样，"动刀甚微，謋然已解，牛不知其死也，如土委地"。从这个意义上说，也正是在这个过程里，人充当的是世界意义（"天理"）的揭示者，也是人的真正自我（"神"）的发现者，"始臣之解牛之时，所见无非全牛者。三年之后，未尝见全牛也。方今之时，臣以神遇而不以目视，官知止而神欲行。依乎天理，批大郤，导大窾，因其固然"。在这种关系中的物已经不再是物，这样的人也不再是生理的人、技术的人或者理性的人，而是庄子所谓的"真人"，"真人"或者说就是一个"审美的人"，在人对世界的审美态度中，即便是屠宰这样一个至为卑贱的工作也变得和艺术一样优雅高贵，"庖丁为文惠君解牛，手之所触，肩之所倚，足之所履，騞然响然，奏刀騞然，莫不中音，合于桑林之舞，乃中经首之会"。这是对于世界合乎自然的态度，也应该是对于身体的正确态度。在庄子看来，人之所以不能由"我"而入"吾"的超越境界正在于"物累"，而在一切"物累"中最难解脱的正是对生命的执着。就如人性并不取决于人对物的占有和利用一样，人的自足和完善也无须取决于心灵和身体的同一，《齐物论》把心灵对身体的占有态度称作"劳神明以为一"的愚蠢行为。在《庄子》全书中充斥着扭曲的树、先天残缺或受到损害的身体，而这些身体都以某种方式代表了完美。《庄子》把那种破除得失之心来看待身体的生命态度称作"悬解"，即"安时而处顺，哀乐不能入也，古者谓是帝之悬解"，在《大宗师》一文中庄子再一次强调"悬解"时指出，"而不能自解者，物有结之"。内在自我（吾）就是在这种我和世界的关系中显现出自己的，这也正是《庄子》所谓"养生"、"全生"的意思，"庖丁解牛"的故事在《庄子》固然是举一以摄二，文惠君倒是告诸往而知来："文惠君曰：善哉！吾闻庖丁之言，得养生焉"（《庄子

·养生主》）。回到树的故事上来，庄子以为对于树的正确态度就是让它自由，让树作为真正的树、自由的树而独立存在。"庄子曰：'今子有大树，患其无用，何不树之于无何有之乡，广莫之野，彷徨乎无为其侧，逍遥乎寝卧其下。不夭斤斧，物无害者，无所可用，安所困苦哉！'"这是物的自由，也是人的自由，人和物都各得其所，《齐物论》称之为"两行"。

依照庄子的观点，对物的有用性的超越正是人由物（动物）到人的转化契机，用马克思的话说，这种超越过程也就是人和自己生命活动的分离过程，马克思指出："动物和它的生命活动是直接同一的。动物不把自己同自己的生命活动区分开来，它就是这种生命活动。人则使自己的生命活动本身变成自己的意志和意识的对象"[17]。由于语言文字的保守性以及审美理论相对于审美意识的滞后性，战国诸子关于"自我"意识和"人性"问题的讨论几乎都是建立在对前美学时期的"物美感"或者说"动物性快感"的批判基础上的。笠原仲二从文字学的角度提出，古代中国人的美意识起源于与维持生命相关的感官愉悦，它"首先起源于对所谓'食'的某一特殊的味觉感受，其次与所谓'色'，即男女两性间的视觉性——触觉性的感官带来的官能性悦乐感也有密切的关系。……能够给人们以种种美感的那些对象，美味、芳香、美色等等，总之，都是伴随着古代中国人的生活，尤其是生命的保持、永续，或者充实和增进其精力（气力）的丰富的官能性快乐和深刻的愉悦的、在最根源方面直接的官能性对象"[18]。从这种"前美学"理论来看，身体感官——笠原氏称作"五觉"——充当审美主体的结果，自然也就是把身体感官所能触及的对象"物"提升为审美的对象，这一类的"美物"据笠原氏的统计有诸如"美食"、"美味"、"美酒"、"香美"、"美人"以及"美容"、"怜美"等等，也就是以所谓"食"和"色"为中心的具有官能性美的对象。严格说来，此种伴随生理性欲求满足而得到的情感愉悦还难称美学意义上的"美感"，从动物快感到人化美感的断裂始于何时何处可能是一个永远没有解答的悬案，不过从逻辑上讲它应该属于自我意识产生——即身心分化——之后的文化产物。马克思认为："吃、喝、性行为等，固然也是真正的人的机能。但是，如果使这些机能脱离了人的其他活动，并使它们成为最后的和唯一的终极目的，那么，在这种抽象中，它们就是动物的机能"[19]。对此判断，儒道墨诸家都会欣然认同，而中国美学的转换也正是从这一点开始的。笠原仲二注意到自从孟子、荀子等人提出一种精神性器官——笠原氏把它称作"心觉"——概念以来，"美的对象、美的感受已向着精神性东西转化，其领域扩大、推移开来"，他认为"中国人的美的对象并没有只停留在对于那些味、香或者声、色及其他生理的、肉体的嗜好、欲求所给予的直接官能性感受的对象上，而是几乎向一般涉及自然界、人类的全部、具有已述的那种意义的美的本质（即孟子所谓"理义"——引者注）、对人的精神和物资经济生活方面带来美的效果的所有对象扩大、推移"，根据笠原氏的统计，这些开始被包括进来的新的对象从文饰雕琢到伦理道德共有十七种之多[20]。笠原氏发现中国古代审美对象的范围有一个明显扩大的趋势，这一判断无疑是正确的。不过所谓"美的对象"开始扩大到那些具有"美的本质"，带来"美的享受"的所有对象上去，笠原氏此处论述难免有循环论证的嫌疑；此外，作为有别于感官的"心觉"概念早在孟子之前的郭店楚简里面以及《管子》四篇中就已出现。就和本书论述有关的内容看，审美对象范围的扩大未必和"心"概念的出现存在某种必然的因果关系，而且审美对象从物的领域向自然界和社会领域的转移也比笠原氏的判断要早很多。

自孔子提出"仁者乐山，智者乐水"（6.23）的说法以来，愉悦的对象就已经扩大到了无功利的自然界；孔子还区分出来两种不同的"乐"，即所谓"益者三乐，损者三乐。乐节礼乐，乐道人之善，乐多贤友，益矣。乐骄乐，乐佚游，乐宴乐，损矣"（16.5），在这里高于"损者之乐"的"益者之乐"，其对象及其内容显然出于对低层次的感官满足的有意识超越，只不过以"损益"为评价尺度的评判还不能称作纯粹的美学判断，但这两种愉悦的价值地位已经呈一种此消彼长的趋势则是不争的事实。据《论语》记载"子在齐闻韶，三月不知肉味。曰：不图为乐之至于斯也"（7.14），音乐之美所带来的愉悦感是以对感官愉悦的遗忘为后果的，孔子尽管没有对两种愉悦感做出明确的区分，也没有过多地强调追求感官满足的不合理性，但对这两种愉悦的区分及其背后价值取向的不同确是比较明显的。如前所述，孔子那里的"心"主要还是作为一个和感官未作区分的身体概念来使用的，对孔子"无心之乐"该作怎样的理解不是本节论述的内容，但有一点可以肯定的是，孔子认为"诗以道志"，论诗也多由其"兴、观、群、怨"的社会功能着手，故而处于孔子艺术分类之最高层的音乐享受的主体不是"心"而是那个"意向性自我"，这一点是可以肯定的，而笠原氏发现的孟子和荀子等人那里的"心觉"不过是孔子这个外在的"意向性自我"在内在心性层面的落实而已。这样看来，审美对象范围的扩大和一个全新的"审美主体"的出现有着不可分的内在联系。处于不同价值和意义层面的身心之间的紧张关系不可避免地也会体现在审美问题当中，据《史记·礼书》记载，孔门弟子子夏"出见纷华盛丽而悦，入闻夫子之道而乐，二者交战，未能自决"，在这两种愉悦之间需要决断，必须作出取舍，这也就意味着两者之间的紧张关系开始出现了。心和身体在孟子思想中分属"大体"和"小体"，孟子所谓"口之于味也，有同耆焉；耳之于声也，有同听焉；目之于色也，有同美焉。至于心，独无所同然乎？圣人先得我心之所同然耳。故理义之悦我心，犹刍豢之悦我口"（11.7），把两类不同的愉悦分别归之于大体和小体，其中价值高低自然也是不言而喻。荀子和孟子关于心性的理解简直势同水火，但在审美问题上他"无万物之美而可以养乐"（《荀子·正名》）的说法，在审美问题上对"物美"的压抑和排斥却和孟子一道分享了原儒传统。如果说"心（礼乐或理义）之悦"对"物（身体）之悦"的压抑和排斥肇端于孟子的话，那也无非是孔子首先区分出来的两种愉悦观发展下去的题中应有之义。

儒家审美对象主要集中在社会伦理层面，对自然之美的发现主要还是归功于道家，尤其是庄子。孔子固然有过"仁者乐山，智者乐水"的说法，但这种"乐"都来自于对自我道德人格的发现和欣赏，这种作为审美对象的山和水，借用马克思理论来说，无非是一种"人的本质力量的对象化"。《孟子·尽心上》和《离娄下》对儒家这种独特的审美体验多有理论上的发挥，荀子则将此命名为"比德"："子贡问于孔子曰：君子之所以贵玉而贱珉者，何也？为夫玉之少而珉之多邪？孔子曰：恶！赐！是何言也！夫君子岂多而贱之，少而贵之之哉？夫玉者，君子比德焉。温润而泽，仁也；栗而理，知也；坚刚而不屈，义也；廉而不刿，行也；折而不挠，勇也；瑕适并见，情也；扣之，其声清扬而远闻，其止辍然，辞也。固虽有珉之雕雕，不若玉之章章。《诗》曰：言念君子，温其如玉。此之谓也"（《荀子·法行》）。在这里，玉作为一种"物"，其价值和意义已经不在其"物"本身，而是归之于物的各种感官属性背后的伦理指向，即"玉"之"温润而泽"、"栗而理"和"坚刚而不屈"和"仁"、"知"、"义"之间人为的对应性，换言之，"物"从这个时候开始已经被"象（征）"化了[21]。"象"在儒家思想中的作用不只体现于"比德"这样简单的修辞问题上。在中国古代哲人看来，人生和社会不过是宇宙演化过程的一个阶段，因此自然宇宙的问题必然内在地、逻辑地包含着人生和社会问题，反之亦然，宇宙过程和社会过程之间先验的同构性正是周礼制度合法性的预设前提[22]。根据汪裕雄先生的理解，周礼最重要的特征就在于它是借助于比附和象征的符号化体系，他以"礼"的"非名言性、非实体性和非逻辑性"的排除法把"礼乐"制度的总体特征归结为"象"[23]。或许只有从这个角度，我们才能理解"乐"何以在"周礼"这一社会制度中居于如此重要的地位，那是因为"乐"首先也是一种"象"，它具有"象"之为"象"的一切特征，首先它是心灵的对象，或者说它是可以直接作用于心灵的；其次，"乐"也有其明确的指向性，自有其象外之旨。"乐"不仅是"象"，而且是"大象"[①]，对人的心灵的感动激发，它具有其他符号形式所不能及的优势，儒家对此深具信心，楚简《性自命出》说："乐，礼之深泽也。凡声其出于情也信，然后其入拨人之心也够"，《礼记·乐记》也有"仁言不如仁声之入人也深"的说法，《荀子·乐论》同样相信："夫声乐之入人也深，其化人也速"；此外，"乐"一直被视作沟通天人、感应万物的神秘媒介，而以和谐为追求的音乐也被理解为宇宙精神和自然韵律（天道）的外化，此即《礼记·乐记》所谓"乐者，天地之和也"、"大乐与天地同和"。孔子说："兴于诗，立于礼，成于乐"，"乐"被视作礼乐制度的最高层次，自非泛泛而论。

　　如前所述，中国美学发生的一个重要内容就是一个把"心"从身体器官中解放出来的过程，不同学派也都共同参与了这个过程，在孔子这是一个"志"和"心"的区分，在楚简这是一个"心志"和"性情"的区分，在孟子是"心性"和感官（小体）的区

---

　　① "乐"也是一种"象"，《乐记》明确称之为"乐象"。"乐"之为"象"有三义：一，乐象德；二，乐象成——乐是自然和社会的模拟；三，声为乐象——声音是"乐"的感性形式。按汪裕雄先生的理解，"乐象"既具感性形式，又具模拟、类比和象征的功能，它蕴含情感、社会文化乃至哲学的含义，既沟通了礼和乐，也沟通了人的内在情感与外在意志行为，成为一种伦理教化的感性象征符号（参看汪裕雄：《审美意象学》，60—64页，辽宁教育出版社，1993年）。"乐"还是"大象"，《国语·周语下》单子有言："吾非瞽、史，焉知天道？"参照《周礼·春官·大师》"大师，执同律以听军声而诏吉凶"以及同书《春官·典同》"掌六律六同之和，以辨天地四方阴阳之声，以为乐器"的说法，显然古人相信音乐和天道之间存在某种神秘的感应关系。究其原因，可能和古人定律所采用的所谓"把天地之脉，察四时之情"的"候气法"有关（参《后汉书·律历志》），这样一来，音乐无论是在"数"（十二律）、物候变化以及节奏方面自然都获得了和宇宙秩序（天道）相一致的同构性。可参看冯时《中国天文考古学》一书有关"候气法"的研究内容（冯时：《中国天文考古学》，191—196页，社会科学文献出版社，2001年）。

分,而老子则是把"心"区分为"虚心"和"心",庄子也是区分出"道心"和"成心"两种形式。各家各派所取的概念形式及其思想旨趣往往不尽相同,但就在身心有别这一问题上却表现出惊人的一致。身与心的分离则同时要求物与象的分离,也就是要把物和象分别规定为身和心的对象化存在形式,同样的道理,心对于身体的主宰作用也必然表现在审美理论中"象"对物的超越。象之为象,主要表现在它区别于物的不可分析的"整体性"和作为意义中介的"超越性"这两个特征上,而这两个特征甚至可以从"象"的字源学得到证明。《韩非子·解老》是这样解释"象"字来源的:"人希见生象也,而得死象之骨,案其图以想其生也,故诸人之所以意想者,皆谓之象也。"韩非此处所说的"意想之象"正说出"心"对于"象"之整体把握的特征,而这种整体性的把握则需要舍物而取象,化外物为"意中之象",进入意象也就是要超越具体时空的局限,只有这样才能从"死象之骨"的物化形态回归到"本原之象"、"生命之象"或"整体之象"。此外,《周礼·秋官》还曾提及"象"概念的另一种意义源头:"通夷狄之言者曰象",由此看来,"象"最初又是作为"翻译者"和"理解中介"的意义来使用的,而这正和后来作为哲学概念和美学概念的"象"在沟通形上与形下两个世界中的中介性、过渡性完全吻合,而后世所谓"立象以尽意",所谓"得意忘象",这一切都和"象"之初义存在着不可忽视的内在联系。如果说"心"是审美主体,那么"象"则是"心"所独有的对象化存在形式,无内容、无指向的空白之"心"和无意义、无指向的客体之"象"都是不可想象的。如上节所述,儒道两家有关心物关系的论述都是从对某种本质性的"心自体"的还原开始的,而这种本质性的"心"的存在及其作用必须伴随着它的对象,"心"的超越性也必须表现为它对于某种超越者(道)的指向。孟子和庄子都以"气"来规定"心"的存在形式,这就暗示了"心"总是居于道物之间蓄势待发的临界状态,借用《大乘起信论》的语言来说,或堕入万劫不复的物世界,或达到游心于万物的逍遥,全在于"一心"发动时的一念间[24]。随着"心"的变化,作为被观者的"物"也有作为欲望对象的"物"和作为自然存在的"物"的分别,《庄子·则阳》把它们区分为"有名有实,是物之居"、"无名无实,在物之虚","无名无实"的"物"已经超越了人的技术和理性,是一种虚"象"了。象还不足以把握物之全部,正如心也不能成为道家工夫的终点一样。《庄子·秋水》:"可以言论者,物之粗也;可以意致者,物之精也;言之所不能论,意之所不能致者,不期粗精焉。"《庄子》全书论心、论物都在在体现出二者之间整饬有致的对称性,《庄子·人间世》论"心"有:"若一志,无听之以耳,而听之以心;无听之以心,而听之以气。耳止于听,心止于符。气也者,虚而待物者也";《庄子·至乐》论"物"则有:"察其始而本无生,非徒无生也,而本无形;非徒无形也,而本无气。杂乎芒芴之间,变而有气,气变而有形,形变而有生。"

庄生论物,依旧论心而已,他标举出物之境界高低只是一种方便法,其用意还在于对超越之心的阶段性成果的确认。这种动机就决定了在心物关系中"心"相对于"物(象)"的绝对优先性,所谓"象"无外乎是"心中之象"和"意下之象",物从"心外之物"转化为"心中之象"甚至可以达到无可言说的"大象"(《老子》)的过程,用庄子的话说,来自于一种"观之心"的变化,按照《庄子·秋水》的说法即一个从"以俗观物"("成心",《齐物论》)到"以物观物"("机心",《天地》)再到"以道观物"("心斋",《人间世》)的转化过程。由此来看"象"的两大特征,我们不难发现"象"之整体性对应的无非是"心"的整体把握的统觉功能和直观领悟能力,而"象"的超越性对应的则是人对于无意义的物化状态的焦虑,是从理论上对历史性生成的作为文化后果的所谓"心灵"的哲学确认。"心"对于"物"的绝对优先性,同样也体现在儒家《大学》"格物致知"说里面。"格物"一说言人人殊[①],但郑玄注以为"物,犹事也",多为后世学者所认同,"物"显然不能理解为一个自然实体概念,同样,《大学》里面知"止"、"静"、"安"的"心"自然也不能理解为逻辑理性的认识之"心",这样看来,《大学》里面的"心物"关系自然也不能作"精神和物质"之间的认识关系来理解。按照章太炎先生"以经解经"的思路,《大学》一文的内在逻辑是:"格物",即外物的到来,是人的好恶形成的原因,形成好恶就是"致知",各种好恶反应都是人自然的情感流露,即"诚意"。若任凭"知诱于外"而不能"反躬",则"天理灭矣"。于是需要恢复到"人生而静"的未受感应前的状态,即"正心"。由此才能保证所作所为皆循"天理",从而达到"身修"、家齐、"国治"、"天下平"的理想境地。陈汉生先生从语言哲学的角度提出一种"中国先秦哲学预设",即"中国哲学既无抽象实体理论,也无精神实体理论",从"物"的角度看,"世界是一个质料或实体相互交叠、相互渗透的集合体",而"中国的心灵观是动态的,心灵是辨别和区分'质料'进而指导和评价行为的能力"[25]。用中国传统理论来说,就是"心不孤起,仗境方生"[26],"心"总是一种有内容、有意向的"心",《大学》所谓"生而静"的心只是一种道德潜能而已,它只有在和世界的关系中(即"物格知致"的过程里)才能表现自己、实现自己。同样,物世界只有呈现在"心"中才能摆脱自己无形式、无意义的自然状态,成为心灵的对象,并从而获得通往绝对世界的指向性,一言以蔽之,就是成为"象"。吕惠卿说得好,"象者,疑于有物而非物也"[27],恰如"心"之实现的多种可能性一样,其对应者也总在"物"与"非物"之间。

　　在先秦诸家有关心物关系的讨论中,"象"概念已是呼之欲出了。不过真正把

---

　　① 关于"格物",主要存在两种截然对立的看法,一是司马光提出的"格物"就是"与物格斗"、"捍御外物"的意思,一是郑玄、朱熹等人的主流意见,他们把"格"理解为"及"、"即"、"穷","格物"就是"即物穷理"的意思。今人多采朱熹等人的意见,比如冯友兰先生就把"格物"解释为"必须和外物接触,然后才能知道正确和错误"(冯友兰:《中国哲学史新编》第三册,人民出版社,1984年),裘锡圭先生也认为这一说法属于战国时代"强调外在事物是知识源泉"的新思想(裘锡圭:《说"格物"——以先秦认识论的发展过程为背景》,收入《文史丛稿——上古思想、民俗与古文字学史》,上海远东出版社,1996年)。而叶秀山先生主要依据司马光的说法,把儒家"格物致知"的修身工夫完全解释为《庄子》的"丧我"和"两行"(叶秀山:《试读〈大学〉》,收入《中西智慧的贯通——叶秀山中国哲学文化论集》,江苏人民出版社,2002年)。根据章太炎先生的说法,上述理解都未能切中肯綮:"古今说格物者甚众,温公言格拒外物,则近于枯槁。徽公言穷至事物之理,则是集众技而有之,于正心、修身为断绝阡陌矣。"他认为《乐记》"物至知者"才是《大学》"格物致知"的本义,"物来而知诣之,外有所触,内有所受,此之谓致知在格物",也即是"物格知致"的意思(章太炎:《致知格物正义》,收入《章太炎全集》第五册,上海人民出版社,1985年)。饶宗颐引《乐记》"人生而静,天之性也;感于物而动,性之欲也,物至知知,然后好恶形焉"一段,称"千古阐格物之义无如此段之深切"(饶宗颐:《格物论》,收入饶宗颐《固庵文录》),持论近于章说。

"道"和"象"的关系点破,并把"象"提升到一个重要的哲学范畴的,《老子》可谓是第一人。王振复先生在对楚简《老子》和通行本《老子》的比较中发现老子(王先生认为楚简《老子》的作者是老聃——引者注)对"象"概念的重视一定程度上被通行本《老子》削弱了。他注意到楚简《老子》和通行本《老子》存在思维理路上的一致性,但二者论"道"却又有着一个重要区别,这一区别主要表现为道是"物"还是"状"的区别。王先生发现,通行本《老子》"有物混成"处,按楚简《老子》应作"有状混成",他认为通行本《老子》妄改"有状混成"为"有物混成",不仅与该本关于"天下万物生于有,有生于无"以及"无,名天地之始"等论述相抵牾,而且把楚简《老子》已经达到的哲学及其美学意识的深度肤浅化、平庸化了。王振复先生对这一问题的总结是:"'有状混成'与'有物混成',仅一字之差,其美学意义是不一样的。这里(指楚简《老子》——引者注)的'状'及其文义,确与《老子》第十四章'无状之状'相应相契。所谓'无状之状',是对道及其美学意蕴的一种恰如其分的描述与领悟,道既不是'物质性'的,也并非是'精神性'的,作为事物本原(本体),它是一种原始、元朴意义上的'无'的状态。'无的状态'自然并非形下之'物'(有)。作为本原存在,便是楚简《老子》所言:'道恒无名朴'、'见朴抱素'也即所谓'大象'"[28]。即便从通行本《老子》看,《老子》的所说的"道"并不是空无一物的空白,它是一个实在。老子以"无"论"道",主要是就我们作为认识手段的感官、理性、语言来说的,但"道"确实是一个"有",《老子》说:"有,名万物之母","常有,欲以观其徼"(《老子》第二章),就是说"道"在作用于世界的过程中无时无刻不在显现自己,这也就是《庄子》所说的"为是不用寓诸庸"(《齐物论》)以及"物物者与物无际"(《知北游》)的意思。道的显现形式既非对应于感官的形和物,也不是可为理性和语言所把握的规律或者概念,而是一种"大象"、"无象之象"。王弼《论语释疑》说:"道者,无之称也。无不通也,无不由也,况之曰道,寂然无体,不可为象"[29]。《三国志·钟会传注》记载:"王弼往见裴徽,徽问弼曰:'夫无者,诚万物之所资也,而老子申之无已者何?'弼曰:'圣人体无,无又不可以训,故不说也。老子是有者也,故恒言无所不足'"[30]。道是不是虚"无"?"无"可不可以有"象"?这已是另外一个问题了,不过由此我们也可以看出,在王弼眼里,《老子》之"道"是一个"有",它是以"象"的形式存在于世界的。老子的"道"论,首次为中国提供了"道"这个本体论的最高哲学范畴,而"道"是用"大象"指称的。"大象"之说,发展、完善了中国原有的"象"论,将中国原有的"龟象"、"易象"理论,提升到哲学高度,成为可以指称形而下世界和形而上世界,并且足以沟通这两个世界的符号系统。如果说《老子》论"象"主要是就"道"从形上世界向形下世界的落实而言的话,庄子论"象"则主要是就人从相对世界向绝对世界超越的"体道"而言的。《庄子》全书确实直接言"象"处不多,但《天地》中一则"罔象"寓言就已经把庄子对"象"的态度表露无遗了:"黄帝遗其玄珠。使知索之而不得,使离朱索之而不得,使吃诟索之而不得也。乃使罔象,罔象得之。黄帝曰:'异哉!罔象乃可以得之乎?'"由"罔象"反观庄子的"卮言"说,二者平衡互补的功能更是昭然若揭,简言之,"卮言"正所谓"我非我",而"罔象"则说明"物非物","物我两忘"正是庄子"体道"的不二法门,庄子极力标举的"体道"境界正是中国文化的最高境界,这一境界也完全可以作审美境界看,李泽厚说"庄子的哲学是美学"[31],道理就在这里。

第三节　说"乐"——"天人合一"的"剩余者"

关于中国美学,蒋孔阳先生曾有一精到的判断,他认为:"我们今天的美学,研究的根本问题是美。美不美,以及怎样才算美,成为审美欣赏和评价中的一个重要问题。先秦美学思想,则把乐不乐,以及怎样才算乐,当成重要的问题"[32]。蒋先生区分出来的这两种美学分歧非同寻常,他在这里说的是中国古典美学的现代化问题,其实在当下的现象学语境中把它理解为西方现代美学对古典美学的反动也无不可,换言之,中国古典美学传统和西方现代美学精神反倒更有相互发明和彼此印证的契合之处,所以较之于黑格尔等西方古典学者对东方思想的粗暴和傲慢态度,反而是海德格尔等现代哲人对东方古典思想更多同情之理解[33],其原因正在于此。

"乐"(审美活动或者说审美体验)在当代美学理论中的优先地位显然和当代美学由"认识论中心论"向"存在论中心"的理论转向分不开的,传统美学是以某种非自明的"美本体"的存在为其预设前提的,其内在逻辑表现为"美(本体)"先于"审美(活动或体验)",但由于美的本体本身绝非自明的、可以直观的,对美本体存在的质疑往往会导致整个美学理论体系的动摇乃至崩溃。自二十世纪以来,西方逻辑实证主义者甚至把"美是什么"的美学探索非常直率地称为不可能得出答案的"伪问题"[34],这些都在很大程度上杜绝了现代美学从美本体的角度建构理论体系的乌托邦冲动。现代美学则多由审美事实出发,较之于需要从理论上给予形上论证的美本体来说,审美活动和审美体验是一个不证自明、不言而喻的事实,传统美学对于审美活动直观而自明的自主自足性的忽视,在恩斯特·卡西尔看来,是一件奇怪的事情,他认为:"美看来应当是最明明白白的人类现象之一。它没有沾染任何秘密和神秘的气息,它的品格和本性根本不需要任何复杂而难以捉摸的形而上学理论来解释。美就是人类经验的组成部分;它是明显可知而不会弄错的。然而,在哲学思想的历史上,美的现象却一直被弄成最莫名其妙的事。直到康德的时代,一种美的哲学总是意味着试图把我们的审美经验归结为一个相异的原则,并且使艺术隶属于一个相异的裁判权"[35]。

卡西尔认为,在康德之前"所有的体系一直都在理论知识或道德生活的范围之内寻找一种艺术的原则",只有康德才第一次清晰而令人信服地证明了艺术的自主性[36]。康德美学思想的特出之处恰恰在于他开始把所有"理论知识"和"道德生活"的内容都"悬置"起来了,在《判断力批判》一书中,康德从质、量、关系、方式四个方面对审美判断作出如下规定:(1),鉴赏是凭借完全无利害观念的快感和不快感对某一对象或其表现方法的一种判断力;(2),美是那不凭借概念而普遍令人愉快的;(3),美是一个对象的合目的性的形式,在它不具有一个目的的表象而在对象身上被知觉时;(4),美是不依赖概念而被当作一种必然的愉快底对象[37]。经过这种"还原"之后,我们所得到的就是一种纯粹的愉快,一种无缘由的快乐。康德把主观愉悦看作审美判断的根本规定,他在《判断力批判》一书中区分出来三种不同的愉悦,即生理的、审美的和道德的愉悦,"在这三种愉快里只有对于美的欣赏的愉快是唯一无利害关系的和自由的愉快;因为既没有官能方面的利害感,也没有理性方面的利害感来强迫我们去赞许"。正是出于对康德把一切人类活动的非本质因素,如功利、目的、概念等后天要素,都放进括弧里的现象学还原策略的欣赏,叶秀山先生才提出:"其实,康德《判断力批判》的世界,才是最基础的、最本真的世界,正是胡赛尔所说的'生活世界',海德格尔所说的'存在'的世界"[38]。就人这一角度看,康德说"美具有无目的的目的性",美不能有目的,否则难免涉及到功利实用,这种由利害而得的"乐"自难免堕入喜怒哀乐之"乐"这一形下层面。但它在无目的时又自然地合于另一个目的,审美通过将人的机心欲望和世界呈现于人的物质性(某些可以迎合或拒绝人欲的物质性)都"括进括弧里"的悬置手段,用中国化的语言来说就是"物我俱忘"的工夫,来告诉我们,人生在世应该是"乐",人和世界或他人应该就是"和"。从这个存在论的角度看,审美之于人的根本意义就在于它是一种对人之为人的根本规定性的揭发,是对世界中的人的根本成全。

随着现象学对人以及对人和世界关系的不断还原,审美活动和审美体验不再被视作人和世界的认识关系或者实践关系的衍生物,愉悦(乐)也不再被看成是对人认识能力、实践能力或者道德能力的肯定和回报,而是暗示了人和世界之间某种最为本源性的深沉联系,海德格尔就是在这个意义上把"诗"的问题提升到人的存在本源的层面上来。海德格尔说"人诗意地栖居在大地上",叶秀山认为这句话正确的理解应该是"人活生生地存在着","这就是说,'人'作为 Dasein,固然不是精灵般的'概念',也不是仅仅为看得见、摸得着的一块肉,而是有思想、有感情活生生的'人',生活'在世界中',它与世界的交往,不仅是对象式的静观(理论),也不仅是物质性的作用与反作用(实践),而这两种方式的交往,都根源于一种更为本源性的关系之中,即历史性的关系之中。'我'不是在世界之外'看'世界,也不是在'历史'之外'看'历史,而是'在世界之中','在历史之中'。因而,'世界','历史'和'诗'就成了统一的东西,成了存在性的东西"[39]。不过真正把人和世界之间的美学关系点破的还是杜夫海纳,按照杜夫海纳的看法,将人和世界之间的所有内容经过现象学还原之后所剩下的,既非胡赛尔意义上的纯粹意识生活,也不是海德格尔意义上的受存在召唤的此在,而是他所谓的"灿烂的感性"(the sensuous in all its glory),杜夫海纳的"感性"既不能单独理解为感觉者的感觉,也不能单独理解为刺激感觉的材料,"感性是感觉者和被感觉者的共同行为",在这种"感性中,主体和对象都是完全敞开的,主体不是某一个或某一方面的主体,对象也不是一种有限的、可数的对象,而是主体和对象的全部可能性",这也就是杜夫海纳所强调的"先验"或"情感先验",按照彭锋的理解,杜氏在这里指的是人和世界的先天的情感上的亲缘关系,或者人与世界在反思之前的情感上的预在和谐。正因为人和世界最根本的关系就是一种情感联系,所以现象学还原最终所得到的就是一种本质性的审美还原,正是在这个意义上,杜夫海纳说:"在其最纯粹的瞬间,审美经验完成了现象学还原",或许这也正是杜夫海纳强调"现象学主要适用于人"的原因[40]。

彭锋认为,审美活动就是人的基本生存样态,所谓"审美作为人类最本然的生存样态",至少可以从两方面作出规定:一方面,审美无需任何外在的理由,它是人类最易于进入的生存状态;另一方面,审美又是人类最亲近的生存样态,其主要表现就是人类最愿意逗留在审美状态之中。而这从另一角度看,则意味着审美对人的还原功能,即通过审美可以将人最本质、最真实的层面显现出来[41]。这种"审美还原"在中国美学史乃至思想史上的表现其实是很明显的,其重要性可以从中国思想史上各家各派的一个共通之处看出来,即无论各学派之间的理论分歧有多大,但他们思想阐述的最后依据多半还是要归于审美境界上来,在这一点上无论是儒家艳称的"孔颜乐处",还是《庄子》所乐道的"至乐"和"天乐",都概莫能外。何以如此?这和中国思想史上各个学派共同认可的一个基本预设相关,冯友兰把这个理论预设称作中国哲学根本性的"神秘主义",即"个人之精神,与宇宙之大精神,本为一体;特以有一种后起之隔阂,以致人与宇宙全体,似乎分离。若去此隔阂,则个人与宇宙,即复合而为一,而所谓神秘底境界,即以得到"。他认为尽管道家宇宙论近乎唯物论,而儒家则近于唯心论,两家欲以达到最高境界的目的、手段也都不尽相同,但两家"皆以神秘底境界为最高境界,以神秘经验为个人修养之最高成就",在这一点上却又是别无二致[42]。故而道家由"丧我"工夫而达到"物我两忘",儒家去小体养大体,而至于一个"万物皆备于我"的境界,两者最后也都是殊途而同归,都归于以一个"乐"字来充当超越的见证。

冯先生所谓"神秘主义"说的无外乎就是"天人合一",张世英先生更是把中国思想史浓缩为一个简洁有力的判断句,即"长期以天人合一为主导的中国哲学史"[43]。中国文化的这一根本特征往上追溯,其来源或可归结为殷商原始宗教的"泛政治化"倾向,以及西周礼乐文化对文化传统所取的兼容并包的实用主义态度,其后"轴心时代"中国文化的世俗化走向承上启下、继往开来,对此"神秘主义"的"天人合一"理论预设自然起到了推波助澜的作用。冯、张二先生对中国文化的总体判断大致无误,不过冯友兰先生把儒家万物一体的仁、诚境界完全归功于孔子:"可知孔子所谓仁之要素,亦是取消人我之界限,所以仁首重克己也。不过所谓万物一体之境界,孔子未尝明言:其所谓仁或只是一种道德,并无神秘主义底意义。至《中庸》及孟子,儒家之神秘主义,始完全显明"[44],张先生也说"孔子的言论多少有天人合一之意"[45],这一判断只怕有简单化的嫌疑。

本书并不以为孔子的"乐"有什么超越性的指向,更不认为它还具有某种"审美还原"的功能,这么说的理由非常简单,那就是孔子那里的"人"是一个学习的结果,而非道德的前提。正如马赛尔·莫斯由西方社会研究所得出的结论:作为道德形上实体的"人"其实是一个文化发展的历史产物[46],如果说西方"实体人"概念的出现和基督教有关的话,在中国这种形而上学的先验"人"的出现显然更主要地还是孟子、庄子的贡献。简言之,作为孔子仁学后果的"人"是一个加法的结果,而孟子"求其放心"的养性、庄子"丧我而得吾"的修身所要求的则是一个作减法的过程。从把人视作一个"社会动物"的角度看,孔子和苏格拉底持论基本一致,而在坚持"存在先于本质"的人性论角度,则孔子又近乎萨特。总之,在孔子那里,作为社会人的人无非是其一切社会伦理关系的总和,而作为道德人的人则无非是其一切社会行为的总和。由此看来,孔子仁学绝对不曾有过一个先验的人和人性的预设前提,对孔子之人的"还原"得到的只是一个空白。关于孔子仁学还有另一常见的误解,即把孔子伦理思想完全还原到一种先天的自然情感,这一误解的始作俑者恐怕还是要归于冯友兰先生,冯先生引《论语》"父为子隐,子为父隐,直在其中"(13.18)和"孰谓微生高直"()等例子来证明孔子"仁"的基础就是人的真性情,人的真情实感[47]。美国学者唐纳德·蒙罗认为,"早期儒家似曾使用了两个标准来描述人的天然属性,其中一个标准是人在作出活动时所感到的'悦'和'安'",另一个标准是看儿童的行为。'安'和'悦'作为用以发现恒常的或天然的行为之标准,发源于最早的儒家著作。《论语》告诉我们,心在道德行为中发现悦和安,特别是当'心'遵循正确道路时便能发现'悦',这样的德行是天然的,因此是不费力的,所以君子'安仁'"[48]。之后李泽厚论及孔子仁学时,也提出孔子"以仁释礼"即为某种外在的伦理规范建立起一种先验的心理学依据[49],持论和冯说相类似。这种理解似是而非,如果把孔子那里人的一切习得性社会内容都"还原"之后,还剩下些什么呢?前引明人冯少墟"《论语》一书,论工夫不论本体,论见在不论源头"的说法,正道出孔子那里"人"之不可还原性。孔子之"心"不同于孟子"本心",其本身就属于需要被改造的自然属性,这是因为孔子清醒地认识到道德伦理"仁"的要求,从根本上说是违反人的"天性"的("吾未见好德如好色者也"),人之追求道德并非出于人的本能或者天性的需要,毋宁说是出于一种价值理性的驱使,出于对无意义生活的焦虑(说详前文),孔子仁学中的自然"情感"也是如此,孔子说"唯仁者能好人,能恶人"(4.3),"好恶"应该属于人之自然本能中最为强烈也最为真实的感性内容,但这种最真实可感的情感显然还不具备自主自足的合法性,当然就更不能充当价值判断的客观依据了。推测孔子这一表述背后的逻辑是,情感的自然流露并不全是合理的,它完全有可能是非道德的行为,只有"仁者",即具有成熟理智和道德判断能力的人,才能合情合理地控制自己自然情感的强度与指向,使其达到"发而皆中节"的"中和"之境界。由此看来,冯先生对孔子的理解未免有疏漏处,当然,就冯先生对中国文化总体把握所表现出的高明的认识而言,这点失误只不过大醇小疵而已。

所以孔子所说的"乐"自然不同于后世所谓的"忘我之乐",而孔子之"安"决不可以理解为"心安"。如前所述,孔子之"心"决不同于后世"心学"之"心",在孔子那里只是人的一切生理欲望和自然情感的功能性的总称,尽管孔子并没有像孟子那样极端,完全否认其合理性的一面,但这些自然本能与情感并不足以充当价值判断的自然依据,应该是无疑义的。所以说,孔子的"安"与其说是"心安",还不如说是"理得",是一种对自己行为经过理性权衡与道德判断之后俯仰无愧于天地的道德愉悦,只是这个自我反省的主体不是"心",而是孔子"自我"结构中的那个"意向性自我",那个处于"终生之忧"的意义焦虑状态中的"意义采择者"(说详前文)。如果说孔子的"安"来自于对日常生活无意义状态的"忧"的克服,那么孔子所谓的"乐"则表现为对个人幸福的非理性的"忧"的超越,这个"忧"就是"一箪食,一瓢饮,在陋巷,人不堪其忧"的"忧"。孔子从未有过拒绝世俗幸福的禁欲主张,他甚至开玩笑说"富贵而可求也,虽执鞭之士吾亦为之",但孔子很清楚,道德行为并不能保证世俗幸福的回报,"子曰:回也其庶乎,屡空。赐不受命,而货殖焉,亿则屡中"(11.19),这正是《论语》所谓"生死有命,富贵在天"的非理性的命运所决定的事情,认识到世俗幸福非理性、非道德的一面,人就不会把穷通得失萦系于怀,这自然也是一种理性的快乐,"饭蔬食,饮水,曲肱而枕之,乐亦在其中矣"(7.16)。和后世"忘我之乐"不一样的,孔子这里的"乐"倒恰恰属于一种"有我之乐",这种孔子称作"安"、"乐"的愉悦,正是来自于对道德之"我"和理性之"我"的确认和肯定。

　　"乐"的精神之中自然有遗忘,孔子在领略到艺术强大的感染力时已触及到这一问题:"子在齐闻韶乐,三月不知肉味。曰:不图为乐之至于斯也"(7.14)。今道友信认为孔子听韶乐而有长达三个月陷于精神恍惚的状态,即是音乐使人类精神超越了时间、空间的界线,超越了这个现实世界而神游于彼岸[50]。这种理解显然是把孔子庄学化了,孔子仁学有没有为自己准备一劳永逸的"彼岸",这个显而易见的问题且不用理会,单就《论语》"子谓韶,'尽美矣,又尽善也',谓武,'尽美矣,未尽善也'"(3.25)的记载而言,"乐"的根本精神在孔子那里绝非一个"遗忘"所能概括,而"善"不能归于"彼岸世界"自不待言。那么孔子所期待于艺术的是什么?孔子说"兴于诗,立于礼,成于乐"的"成于乐"又该如何理解?本书以为,孔子言"乐"(艺术)依然"比德"而已。徐复观说:"仁是道德,乐是艺术。孔子把艺术的尽美,和道德的尽善(仁),融合在一起,这又如何可能呢?这是因为乐的正常的本质,与仁的本质,本有其自然相通之处。乐的正常的本质,可以用一个'和'字作总括。乐与仁的会同统一,即是艺术与道德,在其最深的根底中,同时,也即在其最高的境界中,会得到自然而然的融合统一"[51]。孔子看重艺术的不在其"遗忘",而是在于它的"和谐","乐"之和谐较之于《左传》"五味之和"的"和"自然要体贴得多,它对应的正是孔子"君子和而不同"的人格理想和社会理想。孔子对郑卫之音的批评正在于其"淫",即个人情感不加节制地宣泄本身就可能构成罪恶。在孔子看来,个人和社会之间需要"和谐",而个人的意义追求和自然欲望的满足之间也需要达到一种"和谐",《论语》"志于道,据于德,依于仁,游于艺"的"游于艺"正点破了孔子由和谐而来的自由境界。在这个意义上说,孔子对于艺术的态度正是对康德"美是道德的象征"这一判断最好的注解。

　　从孔子的"有我之乐"到后世孟庄等人的"无我之乐",郭店楚简的性情论是其中一个不容小觑的关键环节。楚简和孔子思想的传承关系已如前述,但楚简的性情论又属对孔子"人"论思想的一大修正。在楚简《性自命出》一文中可以明显看出楚简和孔子关于人的区别,如果说《论语》中的"人"主要还是一个关系、行为的功能集合体,即前述所谓的"焦点—区域式"的"自我",而楚简里面的"人"已经不止是一个空洞的容器,人之为人的理由就在于人具有一种不可还原、不可分析的先验人"性"在,这种人"性"的存在构成人之为人(社会人和道德人)的自然前提,换言之,楚简《性自命出》性情论的初衷主要还在于对孔子仁学的修正,也即对"礼"和"仁(人)"之间逻辑顺序的调整。按照《论语》的说法,"礼"是人由无意义的自然状态进入文明的必由之路,它既提供了人之为人的意义模具,又是对人从社会实践中获得的道德体验内容的形式化保存,但"礼"本身的合法性与合理性依据从《论语》看却付诸阙如。礼崩乐坏是孔子与楚简共同面对的社会背景,如果说孔子的问题是,如何才能重建社会的伦理与政治秩序,而《性自命出》诸篇的问题则是伦理重建的依据和可能性何在。所以在楚简中,礼和人两者间的逻辑关系被颠倒了过来,《性》文说"道始于情,情生于性。始者近情,终者近义",又说"礼作于情",类似说法也见于楚简《语丛二(名数)》"情生于性,礼生于情"节,其后《礼记》中多以"情"释"礼",如《礼记·问丧》:"丧子之志也,人情之实也,礼义之经也,非从天降也,非从地出也,人情而已矣",以及《礼记·坊记》:"礼者,因人之情而为之节文,以为民坊者也"等等,这一传统首先源于楚简。有学者强调,《性》文论心、论情在早期儒家那里乃表现为一种可获得其文化价值所支持的道德规范,故论情不是从泛情、从情欲来说的。楚简作者相信,人与人之间的关系准则如仁、义、忠、信等之所以会在春秋时期社会大变革中衰败,其症结之一便在于这些规范没有生命内容,楚简的中心即在于反对把仁义忠信等看作一种纯粹外在的仪规,僵硬地对人进行规束,这一点在"虽能其事,不能其心,不贵"、"不以其情,虽难不贵"等言说中最能亲切地表现。故《性》文极力强调的是出乎诚心、合乎人情的"礼"(待人接物之总称)才是生动活泼的、有生命内容的[52]。

　　陈鼓应认为,"考察先秦典籍,原始儒家对'情'并无所涉,其所言'情'乃'实'之义,与感情无关。由荀子始,以为'人情甚不美',至董仲舒彰显儒家恶情之论。董氏以阴阳比附情性,认为性阳情阴,性表现为仁,情表现为贪,董氏'以性禁情'的思想为宋儒所延续。综观历代儒家在性命之情的课题上或以礼抑情,或以性禁情,甚而以理灭情,这是思想史和文学史上不争的事实,为读史者所熟知,性命之情幸得庄学而得以发扬"[53]。陈先生所论极是,不过细检楚简,楚简所见的"情"字本有两层涵义,一是先天本然的至真至善之"情",由人之本性生发,以真、诚为主要特征,它是礼乐制度的根本依据;除此之外,楚简之"情"还有另一层含义,即喜怒哀乐之"情",如《缁衣》"子曰:有国者章好章恶,以视民厚,则民不贰"以及《唐虞之道》"脂肤血气之情"的"情",都属于此类。楚简论"礼"有"本于情而治情"的说法,这两个"情"字涉及的正是"情"高低两个层面的内容。由此观之,后儒有关"性善""情恶"的争论首先肇端于此,《孟子》那里"大小体"的分别,《庄子》对"至乐"、"天乐"和"喜怒哀乐"之"乐"所作的区分,都与此有关。

　　《庄子》区分出来的两种"乐",正好对应了西方美学上的"美"和"快感"的区分。所谓"快感",是指由视觉、听觉感官作用于某一特定对象而获致的心理情绪上的快适经验,《庄子》则要求消解这种由感官经验所触发的非本真的短暂情绪,"安时而处顺,哀乐不能入也"(《养生主》)、"吾所谓无情者,言人之不以好恶内伤其身"(《德充符》)以及"恶欲喜怒哀乐六者,累德也"(《庚桑楚》),类似的说法在《庄子》全篇中不一而足。《庄子·知北游》:"山林与! 皋壤与! 使我欣欣而乐与! 乐未毕也,哀又继之",由外物而引发的快感,都不免兴尽悲来,因为外物都不免美恶相成,心情也自不免哀乐相对,这时的主体心灵也便沦为物役。庄子肯定的"乐",是由"至美"而生的"至乐"、"天乐",这种"乐"的境界,就自我而言,超越了生理情绪哀乐的假象,不从外境对象的感触而来,所以《至乐》说"至乐无乐",郭象注解"至乐"也有"忘欢而后乐足"的看法;就对象而言,因为"故我"、"成心"和"情绪我"的隐没,故"物"本身不再为"我"的主观情绪和价值判断所遮蔽,乃能以其真实存在的性相显现出来,这种"乐"正是《天道》极力标举的"天乐",即"与天和者,谓之天乐",以及"以虚静推于天地,通于万物,此之谓天乐"。《庄子·达生》所谓"以天合天"说的正是《庄子》审美过程之一体两面,前一个"天"可视作心本体,后者指的是世界的自然性相,也可以称作物本体。同在本体这一层面,也即是同在"道"或"自然"的境界里中,天地万物,包括"我"在内,浑然为一而无差别,此之谓"以天合天","物我同体",则"天地与我并生,万物与我为一",这样的境界才能称作"至乐"和"天乐"。

儒道之别可谓大矣,但就孟子"自反而诚,万物皆备于我,乐莫大焉"的"乐"和庄子"体道"、"悟道"之后的"至乐"、"天乐"两者而言,在美学思想上却是可以相互发明、互相印证的。当然,他们所说的"乐"首先指的并非审美愉悦,而是对于超越境界的确认。所谓"超越",指的是对人生在世的客体性和有限性的克服,但在中国这个"一个世界"的"无神论"语境中,这种超越只能是在现世、此岸完成的,对其确认的唯一标准也只能是自我体验式的。中国美学能在一开始就认识到审美对于人和世界的本原关系的还原功能,而儒道两家由"善"或由"真"开始,最后都同归于"乐(美)"的境界,原因或许就在于此。

注:

1 成复旺:《神与物游——论中国传统审美方式》,57 页,中国人民大学出版社,1989 年。

2 闻一多:《歌与诗》,收入《闻一多全集》第十卷,湖北人民出版社,1993 年。

3 程相占:《文心三角文艺美学——中国古代文心论的现代转化》,125 页,山东大学出版社,2002 年。

4 刘翔:《中国传统价值观诠释学》,199—222 页,上海三联书店,1996 年。

5 刘翔:《中国传统价值观诠释学》,200 页。

6 徐苏铭:《孔子、老子关于心的思想及其对中国心学发展的影响》,收入孔子基金会编《孔子诞辰 2540 周年纪念与学术讨论会论文集》,生活·读书·新知三联书店,1992 年。

7 程相占:《文心三角文艺美学——中国古代文心论的现代转化》,129 页。

8 转引自(日)冈田武彦:《情意主义和儒学》,收入孔子基金会编《孔子诞辰2540 周年纪念与学术讨论会论文集》(上)。

9 朱自清:《诗言志辨》,收入《朱自清全集》,第六卷"学术论著编",江苏教育出版社,1990 年。

10 学界一般把《性自命出》中的"性"作"道德意识"解,本书以为此说有误,说详第三章第二节。

11 转引自程相占《文心三角文艺美学》143 页。

12 转引自彭锋:《诗可以兴——古代宗教、伦理、哲学与艺术的美学阐释》,398—406 页,安徽教育出版社,2003 年。

13 转引自《中国美学论集》"序言",汉宝德、王安祈等:《中国美学论集》,宝文堂书店,1989 年。

14 黄霖、吴建民、吴兆路:《原人论》,25 页,复旦大学出版社,2000 年。

15 宗白华:《中国诗画中所表现的空间意识》,收入宗白华《艺境》,北京大学出版社,1986 年。

16 刘武:《庄子集解内篇补正》,12 页,中华书局,1987 年。

17 马克思:《1844 年经济学—哲学手稿》,53 页,人民出版社,1985 年。

18 笠原仲二:《古代中国人的美意识》,21 页、37 页,生活·读书·新知三联书店,1988 年。

19 马克思:《1844 年经济学—哲学手稿》,51 页。

20 笠原仲二:《古代中国人的美意识》,50—56 页,引文见 51 页。

21 参看成复旺《中国古代的人学与美学》48—51 页有关儒家"比德"观念的论述,中国人民大学出版社,1992 年。

22 参看(美)唐纳德·蒙罗:《早期中国"人"的观念》,51 页,上海古籍出版社,1994 年。

23 汪裕雄:《意象探源》,107—111 页,安徽教育出版社,1996 年。

24 参看牟宗三《中国哲学十九讲》"《大乘起信论》之'一心开二门'"节,牟宗三:《中国哲学十九讲》,上海古籍出版社,1997 年。

25 (美)陈汉生:《中国古代的语言和逻辑》,37—38 页,社会科学文献出版社,1998 年。

26 吴乔语(《围炉诗话》),转引自成复旺《神与物游——论中国传统审美方式》128 页。

27 吕惠卿:《道德真经解》,转引自叶朗《胸中之竹——走向现代之中国美学》,16 页,安徽教育出版社,1998 年。

28 王振复:《中国美学的文脉历程》,126—131 页,引文见 130 页,四川人民出版社,2002 年。

29 转引自马德邻:《老子形上思想研究》,33 页,学林出版社,2003 年。

30 转引自徐梵澄《老子臆解》,15 页,中华书局,1988 年。

31 李泽厚:《庄玄禅宗漫述》,收入李泽厚《中国古代思想史论》;

32 蒋孔阳:《评〈礼记·乐记〉的音乐美学思想》,收入蒋孔阳《先秦音乐美学思想论稿》,人民文学出版社,1986年。

33 参看张祥龙编译《海德格尔与"道"及东方思想》,收入张祥龙《海德格尔思想与中国天道——终极视域的开启与交融》"附录",生活·读书·新知三联书店,1996年。

34 参看赵汀阳《美学和未来美学:批评与展望》,7—24页,中国社会科学出版社,1990年。

35 恩斯特·卡西尔:《人论》,175页,上海译文出版社,1985年。

36 恩斯特·卡西尔:《人论》,175页。

37 康德:《判断力批判》,39—79页,商务印书馆,1964年。

38 叶秀山:《说不尽的康德》,《哲学研究》,1995年9期。

39 叶秀山:《思·史·诗——现象学和存在哲学研究》,302页,人民出版社,1988年。

40 所有杜夫海纳的观点,均转引自彭锋《美学的意蕴》,70—72页,中国人民大学出版社,2000年。

41 彭锋:《诗可以兴——古代宗教、伦理、哲学与艺术的美学阐释》,351—352页,安徽教育出版社,2003年。

42 冯友兰:《中国哲学中之神秘主义》,收入冯友兰《三松堂学术文集》,北京大学出版社,1984年。

43 参看张世英《天人之际——中西哲学的困惑与选择》第二章"长期以天人合一为主导的中国哲学史",人民出版社,1995年。

44 冯友兰:《中国哲学中之神秘主义》,收入冯友兰《三松堂学术文集》。

45 张世英:《天人之际——中西哲学的困惑与选择》,19页。

46 (法)马赛尔·莫斯:《一种人的精神范畴:人的概念,"我"的概念》,收入马赛尔·莫斯《社会学与人类学》,上海译文出版社,2003年。

47 冯友兰:《中国哲学史新编》第一册,132页,人民出版社,1964年。

48 (美)唐纳德·J·蒙罗:《早期中国"人"的观念》,上海古籍出版社,67页,1994年。

49 李泽厚:《孔子再评价》,收入李泽厚《中国古代思想史论》。

50 (日)今道友信:《东方的美学》,14页,生活·读书·新知三联书店,1981年。

51 徐复观:《中国艺术精神》,13、15页,春风文艺出版社,1987年。

52 东方朔:《〈性自命出〉篇的心性论观念初探》,收入武汉大学中国文化研究院编《郭店楚简国际学术研讨会论文集》。

53 陈鼓应:《〈太一生水〉与〈性自命出〉发微》,收入《道家文化研究》第十七辑:郭店楚简专号,生活·读书·新知三联书店,1999年。

主要参考书目

张光直:《中国青铜时代》,生活·读书·新知三联书店,1999年。

张光直:《商文明》,辽宁教育出版社,2002年。

张光直:《美术、神话与祭祀》,辽宁教育出版社,2002年。

丁山:《商周史料考证》,中华书局,1988年。

刘梦溪主编:《中国现代学术经典——董作宾卷》,河北教育出版社,1996年。

伊藤道治:《中国古代王朝的形成——以出土资料为主的殷周史研究》,中华书局,2002年。

胡厚宣:《甲骨学商史论丛初集(外一种)》,河北教育出版社,2002年。

胡厚宣等:《甲骨探史录》,生活·读书·新知三联书店,1982年。

胡厚宣主编:《甲骨文与殷商史》(第二辑),上海古籍出版社,1986年。

胡厚宣、胡振宇:《殷商史》,上海人民出版社,2003年。

胡厚宣主编:《甲骨文与殷商史》,上海古籍出版社,1983年。

《殷都学刊》编辑部:《全国商史学术讨论会论文集》,《殷都学刊》增刊,1985年。

杨宽:《西周史》,上海人民出版社,2003年。

许倬云:《西周史(增补本)》,生活·读书·新知三联书店,2001年。

顾德融、朱顺龙:《春秋史》,上海人民出版社,2003年。

徐中舒:《先秦史论稿》,巴蜀书社,1992年。

杨宽:《战国史(增订本)》,上海人民出版社,1955年。

吕思勉:《先秦史》,上海古籍出版社,1982年。

吕思勉:《秦汉史》,上海古籍出版社,1983年。

傅斯年:《民族与古代中国史》,河北教育出版社,2002年。

郭沫若:《中国古代社会研究(外二种)》,河北教育出版社,2000年。

王国维:《观堂集林》,河北教育出版社,2001年。

刘俊文编:《日本学者研究中国史论著选译·上古秦汉卷》,中华书局,1993年。

刘俊文编:《日本学者研究中国史论著选译·思想宗教卷》,中华书局,1993年。

裘锡圭:《古代文史研究新探》,江苏古籍出版社,1992年。

裘锡圭:《文史丛稿——上古思想、民俗与古文字学史》,上海远东出版社,

1996 年。

王元化主编:《释中国》,一至四卷,上海文艺出版社,1998 年。

晁福林:《夏商西周的社会变迁》,北京师范大学出版社,1996 年。

沈文倬:《宗周礼乐文明考论》,杭州大学出版社,1999 年。

张亚初、刘雨:《西周金文官制研究》,中华书局,1986 年。

王晖:《商周文化比较研究》,人民出版社,2000 年。

阎步克:《士大夫政治演生史稿》,北京大学出版社,1996 年。

阎步克:《阎步克自选集》,广西师范大学出版社,1997 年。

阎步克:《乐师与史官:传统政治文化与政治制度论集》,生活·读书·新知三联书店,2001 年。

李零:《中国方术考(修订本)》,东方出版社,2001 年。

李零:《中国方术续考》,东方出版社,2000 年。

山田庆尔:《古代东亚哲学与科技文化——山田庆尔论文集》,辽宁教育出版社,1996 年。

李零:《李零自选集》,广西师范大学出版社,1998 年。

刘乐贤:《简帛数术文献探论》,湖北教育出版社,2003 年。

陶磊:《〈淮南子·天文〉研究——从数术史的角度》,齐鲁书社,2003 年。

汪显超:《古易筮法研究》,黄山书社,2002 年。

顾颉刚编著:《古史辨》第五册,上海古籍出版社,1982 年。

艾兰等主编:《中国古代思维模式与阴阳五行说探源》,江苏古籍出版社,1998 年。

李学勤:《简帛佚籍与学术史》,江西教育出版社,2001 年。

小野泽精一等:《气的思想——中国自然观和人的观念的发展》,上海人民出版社,1990 年。

李存山:《中国气论探源与发微》,中国社会科学出版社,1990 年。

庞朴:《一分为三——中国传统思想考释》,海天出版社,1995 年。

胡适《中国哲学史》,中华书局,1991 年。

吕思勉:《先秦学术概论》,东方出版中心,1985 年。

钱穆:《先秦诸子系年》,商务印书馆,2001 年。

钱穆:《庄老通辨》,生活·读书·新知三联书店,2002 年。

余英时:《士与中国文化》,上海人民出版社,1987 年。

李泽厚《中国古代思想史论》,天津社会科学院出版社,2003 年。

饶宗颐:《饶宗颐史学论著选》,上海古籍出版社,1993 年。

饶宗颐《固庵文录》,辽宁教育出版社,2000 年。

姜亮夫:《古史学论文集》,上海古籍出版社,1996 年。

姜亮夫:《楚辞学论文集》,上海古籍出版社,1984。

冯友兰:《中国哲学史》上、下册,华东师范大学出版社,2000 年。

冯友兰:《三松堂学术文集》,北京大学出版社,1984年。

徐复观:《中国人性论史》,上海三联书店,2001年。

陈来:《古代宗教与伦理——儒家思想的根源》,生活·读书·新知三联书店,1996年。

陈来:《古代思想文化的世界》,生活·读书·新知三联书店,2002年。

辛冠洁等人编:《日本学者论中国哲学史》,中华书局,1986年。

中国孔子基金会编:《孔子诞辰2540周年纪念与学术讨论会论文集》上、中、下册,上海三联书店,1992年。

中国孔子基金会、新加坡东亚哲学研究所编:《儒学国际学术讨论会论文集》,上、下卷,齐鲁书社,1989年。

中国孔子基金会编:《孔孟荀之比较——中、日、韩、越学者论儒学》,社会科学文献出版社,1994年。

《中国哲学》编辑部:《经学今诠三编》,辽宁教育出版社,2002年。

姜广辉主编:《中国经学思想史》第一卷,中国社会科学出版社,2003年。

徐复观:《徐复观论经学史二种》,上海书店出版社,2002年。

李约瑟:《中国古代科学思想史》,江西人民出版社,1999年。

本杰明·史华兹:《中国古代的思想世界》,江苏人民出版社,2004年。

安乐哲、罗思文:《论语的哲学诠释》,中国社会科学出版社,2003年。

安乐哲、郝大维:《汉哲学思维的文化探源》,江苏人民出版社,1996年。

安乐哲、郝大维:《孔子哲学思微》,江苏人民出版社,1996年。

顾立雅:《孔子与中国之道》,大象出版社,2000年。

弗朗索瓦·于连:《道德奠基——孟子与启蒙哲人的对话》,北京大学出版社,2002年。

葛瑞汉:《论道者——中国古代哲学论辩》,中国社会科学出版社,2003年。

唐纳德·J·蒙罗:《早期中国"人"的观念》,上海古籍出版社,1994年。

郝伯特·芬格莱特:《孔子:即凡而圣》,江苏人民出版社,2002年。

陈汉生:《中国古代的语言和逻辑》,社会科学文献出版社,1998年。

成中英:《中国文化的现代化与世界化》,中国和平出版社,1988年。

杜维明:《儒家思想新论——创造性转换的自我》,江苏人民出版社,1996年。

杜维明:《论儒学的宗教性——对『中庸』的现代诠释》,武汉大学出版社,1999年。

傅伟勋:《从西方哲学到禅佛教》,生活·读书·新知三联书店,1989年。

伍晓明:《吾道一以贯之:重读孔子》,北京大学出版社,2003年。

崔宜明:《生存与智慧——庄子哲学的现代诠释》,上海人民出版社,1996年。

王厚琮 朱宝昌:《庄子三篇疏解》,华文出版社,1991年。

陈少明:《〈齐物论〉及其影响》,北京大学出版社,2004年。

张祥龙:《从现象学到孔夫子》,商务印书馆,2001年。

张世英《天人之际——中西哲学的困惑与选择》,人民出版社,1995 年。

葛兆光:《七世纪前中国的知识、思想与信仰世界(中国思想史第一卷)》,复旦大学出版社,1998 年。

白奚:《稷下学研究——中国古代的思想自由与百家争鸣》,生活·读书·新知三联书店,1998 年。

李零:《郭店楚简校读记》,北京大学出版社,2002 年。

郭沂:《郭店楚简与先秦学术思想》,上海教育出版社,2001 年。

李天虹:《郭店楚简性自命出研究》,湖北教育出版社,2003 年。

丁四新:《郭店楚墓竹简思想研究》,东方出版社,2000 年。

武汉大学中国文化研究所编:《郭店楚简国际学术研讨会论文集》,湖北人民出版社,2000 年。

《中国哲学》编委会:《郭店楚简研究》(《中国哲学》第二十辑),辽宁教育出版社,1999 年。

《中国哲学》编委会:《郭店简与儒学研究》(《中国哲学》第二十一辑),辽宁教育出版社,2000 年。

陈鼓应主编:《道家文化研究》,第十七辑"郭店楚简"专号,生活·读书·新知三联书店,1999 年。

马克斯·韦伯:《儒教与道教》,商务印书馆,1995 年。

苏国勋:《理性化及其限制——韦伯思想引论》,上海人民出版社,1988 年。

托马斯·F·奥戴、珍妮特·奥戴·阿维德:《宗教社会学》,中国社会科学出版社,1990 年。

埃文斯·普里查德:《原始宗教理论》,商务印书馆,2001 年。

何光沪:《何光沪自选集》,广西师范大学出版社,1999 年。

汤因比:《一个历史学家的宗教观》,四川人民出版社,1990 年。

南乐山:《在上帝面具的背后——儒道与基督教》,社会科学文献出版社,1999 年。

汤一介主编:《中国宗教:过去与现在——北京国际宗教会议论文集》,北京大学出版社,1992 年。

詹鄞鑫:《神灵与祭祀——中国传统宗教综论》,江苏古籍出版社,1992 年。

柳存仁:《道教史探源》,北京大学出版社,2000 年。

饶宗颐:《中国宗教思想史新页》,北京大学出版社,2000 年。

埃德蒙·利奇:《文化与交流》,上海人民出版社,2000 年。

陈宁:《中国古代命运观的现代诠释》,辽宁教育出版社,1999 年。

姚新中:《儒教与基督教——仁与爱的比较》,中国社会科学出版社,2002 年。

刘小枫主编:《20 世纪西方宗教哲学文选》,上、中、下卷,上海三联书店,1991 年。

史宗主编:《20 世纪西方宗教人类学文选》,上、下卷,上海三联书店,1995 年。

秦家懿、孔汉思:《中国宗教与基督教》,生活·读书·新知三联书店,1990年。

马林诺夫斯基:《文化论》,华夏出版社,2002年。

马林诺夫斯基:《巫术科学宗教与神话》,上海文艺出版社,1987年。

保罗·蒂里希:《文化神学》,工人出版社,1988年。

马丁·布伯:《我与你》,生活·读书·新知三联书店,1988年。

托马斯·库恩:《科学革命的结构》,北京大学出版社,2003年。

索绪尔:《普通语言学教程》,商务印书馆,1980年

J·M·布洛克曼:《结构主义:莫斯科－布拉格－巴黎》,商务印书馆,1980年。

伊·库兹韦尔:《结构主义时代——从莱维·施特劳斯到福科》,上海译文出版社,1988年。

特伦斯·霍克斯:《结构主义和符号学》,上海译文出版社,1987年。

爱弥尔·涂尔干:《宗教生活的基本形式》,上海人民出版社,1999年。

爱弥尔·涂尔干、马赛尔·莫斯:《原始分类》,上海人民出版社,2000年。

爱弥尔·涂尔干:《社会学与哲学》,上海人民出版社,2002年。

马赛尔·莫斯:《社会学与人类学》,上海译文出版社,2003年。

曼海姆:《意识形态与乌托邦》,商务印书馆,2000年。

列维·施特劳斯:《野性的思维》,商务印书馆,1987年。

列维·施特劳斯:《结构人类学》第一卷,上海译文出版社,1995年。

列维·施特劳斯:《结构人类学》第二卷,上海译文出版社,1999年。

C·R·巴德考克:《莱维·施特劳斯——结构主义和社会学理论》,复旦大学出版社,1988年。

埃德蒙·利奇:《列维－施特劳斯》,三联书店,1985年。

恩斯特·卡西尔:《人论》,上海译文出版社,1985年。

恩斯特·卡西尔:《神话思维》,中国社会科学出版社,1992年。

恩斯特·卡西尔:《语言与神话》,生活·读书·新知三联书店,1988年。

克利福德·格尔兹:《文化的解释》,译林出版社,1999年。

克利福德·格尔兹:《地方性知识——阐释人类学论文集》,中央编译出版社,2000年。

鲍柯克、汤普森编:《宗教与意识形态》,四川人民出版社,1992年。

彼得·贝格尔:《神圣的帷幕——宗教社会学理论之要素》,人民出版社,1991年。

乔治·米德:《心灵、自我与社会》,上海译文出版社,1992年。

张庆熊:《自我、主体际性与文化交流》,上海人民出版社,1999年。

张文喜:《自我的建构与解构》,上海人民出版社,2002年。

叶秀山:《思·史·诗——现象学和存在哲学研究》,人民出版社,1988年。

宗白华:《艺境》,北京大学出版社,1986年。

宗白华:《美学散步》,上海人民出版社,1981年。

李泽厚:《美学三书》,安徽文艺出版社,1999 年。

蒋孔阳:《先秦音乐美学思想论稿》,人民文学出版社,1986 年。

徐复观:《中国艺术精神》,春风文艺出版社,1987 年。

叶朗:《中国美学史大纲》,上海人民出版社,1985 年。

笠原仲二:《古代中国人的美意识》,生活・读书・新知三联书店,1988 年。

今道有信:《东西方哲学美学比较》,中国人民大学出版社,1991 年。

今道友信:《东方的美学》,生活・读书・新知三联书店,1981 年。

若斯・吉莱莫・梅吉奥:《列维－施特劳斯的美学观》,中国社会科学出版社,
1990 年。

汪裕雄:《意象探源》,安徽教育出版社,1996 年。

汉宝德、王安祈等:《中国美学论集》,宝文堂书店,1989 年。

王振复:《中国美学的文脉历程》,四川人民出版社,2002 年。

王振复:《周易的美学智慧》,湖南出版社,1991 年。

朱立元、王振复:《魂系中华:"天人合一"的中华艺术精神及中西比较》,沈阳出
版社,1997 年。

朱立元:《历史与美学之谜的求解——论马克思 1844 年经济学－哲学手稿与
美学问题》,学林出版社,1992 年。

朱立元:《现代西方美学流派评述》,上海人民出版社,1988 年。

黄霖、吴建民、吴兆路:《原人论》,复旦大学出版社,2000 年。

汪涌豪:《范畴论》,复旦大学出版社,1999 年。

成复旺:《神与物游——论中国传统审美方式》,中国人民大学出版社,
1989 年。

成复旺:《中国古代的人学与美学》,中国人民大学出版社,1992 年。

张法:《中国美学史》,上海人民出版社,2000 年。

彭锋:《诗可以兴——古代宗教、伦理、哲学与艺术的美学阐释》,安徽教育出版
社,2003 年。

彭锋:《回归——当代美学的 11 个问题》,北京大学出版社,2009 年。

图书在版编目(CIP)数据

天人之际:中国美学发生学研究 / 王兴旺著. —
杭州:浙江大学出版社，2024.4
ISBN 978-7-308-24523-4

Ⅰ. ①天⋯ Ⅱ.①王⋯ Ⅲ. ①美学－研究－中国
Ⅳ.①B83

中国国家版本馆 CIP 数据核字(2023)第 253873 号

天人之际

——中国美学发生学研究

王兴旺　著

责任编辑	王荣鑫	
责任校对	吕倩岚	
封面设计	项梦怡	
出版发行	浙江大学出版社	
	（杭州市天目山路 148 号　邮政编码 310007）	
	（网址:http://www.zjupress.com）	
排　　版	浙江大千时代文化传媒有限公司	
印　　刷	杭州宏雅印刷有限公司	
开　　本	787mm×1092mm　1/16	
印　　张	8	
字　　数	170 千	
版 印 次	2024 年 4 月第 1 版　2024 年 4 月第 1 次印刷	
书　　号	ISBN 978-7-308-24523-4	
定　　价	60.00 元	

版权所有　翻印必究　印装差错　负责调换

浙江大学出版社市场运营中心联系方式:(0571) 88925591;http://zjdxcbs.tmall.com